Arduino G1
積木機器人實作與 AI 應用

使用 mBlock 圖形程式

賴鴻州　編著

▶ 版權聲明：
- mBlock 是 Makeblock 公司的註冊商標。
- 本書所引述的圖片及網頁內容，純屬教學及介紹之用，著作權屬於法定原著作權享有人所有，絕無侵權之意，在此特別聲明，並表達深深的感謝。

作者序

　　108新課綱實施了，十二年國民基本教育科技領域由資訊科技與生活科技兩門科目來實踐課程理念與目標。強調科學、科技、工程、數學及設計等學科知識的整合運用，藉由強化學科間知識的連結性，來協助學生理解科學與工程的關聯。透過科技領域的設立，將科技與工程之內涵納入科技領域之課程規劃，藉以強化學生的動手實作及跨學科，如科學（Science）、科技（Technology）、工程（Engineering）、數學（Mathematics）STEM教育之知識整合運用的能力。

　　STEM教育強調動手做、整合、跨學科，以問題解決等專題方式實踐，強調學生的主動學習；初步踏入這個學習模式，同時要應用的能力與材料非常多元。在動手做的風潮中，Arduino與Scratch的出現確實發揮了極大的效益；2005年發表的Arduino，簡化硬體的設計、開放的CC授權，吸引許多工程師與專家貢獻心力，不斷地產出更多配合的應用感測器。而麻省理工學院（MIT）的媒體實驗室2006年推出Scratch，其積木堆疊的方式，極適合小朋友與程式初學者，互動學習與養成程式邏輯的概念。

　　筆者在2013年，整合使用智高積木作為結構與機構零件，以開源的Arduino作為控制器，編輯「智高Scratch（S4A）互動智能積木：動手玩創意20堂課」一書，透過Scratch（S4A）的程式連線互動，並持續研究燒錄離線的軟體。2014年編輯Arduino積木應用與專題製作（使用ArduBlock圖控程式）」一書，與「IPOE P1積木機器人」教具箱，將機械、電機電子、資訊程式等各領域的門檻降至最低，方便整合在一起完成創意構想的實現。以專題導向學習（PBL）課程設計讓學生瞭解科學與工程知識，提升學習者解決問題以及創意設計的能力。

　　關於IPOE系列叢書，筆者已經編著了「P0機構基礎—含3D列印與3D繪圖」，提供基礎的機構學習、「P1 Arduino積木應用與專題製作（使用ArduBlock圖控程式）」、「A2 Scratch（mBlock）機電整合與Arduino輕鬆學—使用IPOE A2積木四輪車」。這些教材與教具箱可依照您的不同需求，配有多樣選擇，各個教具箱零件均可以互相結合與擴充。

　　鑒於Arduino積木應用與專題製作（使用ArduBlock圖控程式）一書出版已歷經7年，ArduBlock圖控程式也不再更新。而原先的「IPOE P1積木機器人」教具箱是採完全開放的外接感測模組，還有大量的結構與機構積木零件，提供非常多樣化的設計創意空間；但是對於初學者，產生了太多新的學習面向。因此本次改版為IPOE G1積木機器人，跨領域整合了Gigo智高積木（結構、機構），Motoduino慧手電控積木（電控、感測），Makeblock程式積木（mBlock、程式、通訊、人工智慧），軟硬體均為可組合的積木型態，易學易用、更易於擴充，IPOE G1積木機器人有幾個亮點：

Preface

1. 大幅簡化機構積木零件，模型組裝更容易。

2. 採用相容 Arduino Uno 的增強控制板、Motoduino U1 控制板，板面增加直流驅動模組與腳位、外部供電等，使用一般直流馬達驅動更便利。

3. 大幅簡化感測器，採用互動感測板，將常用的聲、光感測，將聲音與燈光的輸出，按鈕、可變電阻等都整合在擴展板上；另外仍保留 4 組 RJ11 與 14 組杜邦針腳能彈性外接多種感測器。

在學習與使用上，IPOE G1 積木機器人具有組合與彈性擴充的特性。教材編輯順序依照學習年齡層與進度，逐步從輕鬆入門，漸次加深與加廣：

1. 將 Arduino 控制器與互動感測板，加上 LCD 液晶顯示幕，構成一組 Arduino 實驗平台，可以專注學習基礎程式設計與控制。以此學習圖形化積木程式 mBlock5 的連線互動與上傳燒錄，並依序學習感測板上的各種電子元件控制。

2. 使用 Gigo 機構積木，建構自走車、學習直流馬達驅動、超音波測距、藍牙遙控，進而學習循跡、避障、夾爪控制等自走機器人的功能設計。

3. 因應 AI 人工智慧新學習，特別導入選用威盛 Pixetto AI 高畫質視覺感測器，它涵蓋物體、形狀、顏色、人臉及手寫辨識等功能，並搭配機器學習平台，提供學生、創客與機器人愛好者一款靈活的 AI 解決方案。不僅提供一系列視覺感測器功能，還可透過適用初學者的 Scratch（mBlock5）平台進行編程，使其成為學習程式碼和機器人應用的理想入門捷徑。更可進一步提升他們的 AI 視覺和機器人專題作品。

另一個亮點是，勁園‧台科大圖書范總經理提出創客教育發展的可能性，推行多元選修輕課程、創客學習力認證（Maker Learning Competency Certification），以「外形、機構、電控、程式、通訊、人工智慧」等六項指標對應學習力，與本系列叢書設計編輯的理念十分契合；因此在本書與其他系列叢書，均提出部分練習題目作為創客學習力認證標的，敬請讀者參考應用。

目錄 Contents

Chapter 1　IPOE G1 硬體介紹

1-1	什麼是 Arduino	2
1-2	控制系統 Arduino	3
1-3	Motoduino V3 感測互動擴展板	5
1-4	組裝 IPOE G1 控制板模組	6
1-5	IPOE G1 其他周邊感測模組與驅動馬達	7
1-6	IPOE G1 控制板與各種模組的接線	8
1-7	IPOE G1 積木機器人腳位配置	11
1-8	結構與機構—智高積木	12

Chapter 2　軟體—圖控程式 mBlock

2-1	認識圖控程式	16
2-2	安裝圖控程式 mBlock5	17
2-3	圖控程式 mBlock5 整合開發環境	20
2-4	即時模式和上傳模式	22
2-5	mBlock5 程式積木	24

Chapter 3　Arduino 控制學習—即時模式

3-1	數位輸出	36
3-2	模擬類比輸出	40
3-3	數位輸入	42
3-4	類比輸入	44
3-5	伺服馬達與控制	50

Chapter 4　Arduino 控制學習－上傳模式

4-1	數位輸出	58
4-2	模擬類比輸出	61
4-3	數位輸入	62
4-4	液晶顯示器	64
4-5	蜂鳴器與音樂	69
4-6	伺服馬達與控制	75
4-7	超音波感測器應用	78
4-8	溫溼度感測器	81
4-9	直流馬達與控制	84

Chapter 5　IPOE G1 積木機器人建構與應用

5-1	IPOE G1 積木機器人車體組裝	92
5-2	IPOE G1 積木機器人車體運動控制	94
5-3	倒車雷達	97

Chapter 6　藍牙遙控與智慧手機 APP 應用

6-1	認識藍牙模組	108
6-2	手機配對 Arduino 藍牙模組	109
6-3	下載與安裝 iOS 與 Android 雙系統 App「BLE JoyStick」	109
6-4	「BLE JoyStick」使用說明	110
6-5	使用手機控制 IPOE G1 積木機器人	117

Chapter 7 循跡自走機器人

7-1	紅外線循跡感測應用	128
7-2	紅外線感測器模組工作原理	130
7-3	紅外線循跡自走機器人初體驗	131
7-4	偵測場地的循跡策略	132
7-5	IPOE G1 積木機器人挑戰初級 IRA 智慧型機器人認證	134

Chapter 8 G1 積木機器人與 mBlock 上傳廣播

8-1	上傳模式廣播功能介紹	142

Chapter 9 AI 人工智慧鏡頭 Pixetto 與 IPOE G1 積木機器人應用

9-1	Pixetto 基本的操作方法	156
9-2	AI—顏色辨識	158

Chapter 1

IPOE G1 硬體介紹

本章節次

1-1 什麼是 Arduino

1-2 控制系統 Arduino

1-3 Motoduino V3 感測互動擴展板

1-4 組裝 IPOE G1 控制板模組

1-5 IPOE G1 其他周邊感測模組與驅動馬達

1-6 IPOE G1 控制板與各種模組的接線

1-7 IPOE G1 積木機器人腳位配置

1-8 結構與機構—智高積木

機器人 Robot 的定義

到底什麼是機器人？怎麼樣的機器才能叫做機器人？機器人又該具備什麼樣的特性？美國機器人協會給機器人下的定義是：「一種可以重新設定程式，多功能的機械手，經由事先設計好的各種可變動作，搬運材料，零件，工具或其他特殊裝置，以執行不同的工作任務。」機器人在面對變化與不確定的工作環境與程序時，具有一定判斷能力。

機器人 Robot 可以是一部具有電腦控制器（具有中央處理器、記憶體），並且有輸入端（用來連結感測器）與輸出端（用來連接馬達等動力輸出）。實際應用的機器人 Robot，構造基本上不會是像人一樣的二足運動，輪型運動、履帶運動仍然為運動的基本平台，而以機械手臂來做夾持、搬運；或者以仿生獸形態，例如：六足仿生獸。而製作成人形機器人，模擬人體四肢的運動模式，所需要的伺服機與自由度控制、程式控制技術等相形更為複雜。

什麼是積木機器人

IPOE G1 積木機器人，具備輪型運動平台，並以積木建構機台，具有 Arduino Uno 相容控制器與多種感測模組，以及循跡、遙控、機械臂夾爪來做夾持、搬運、排除障礙等功能。由於採用積木結構與機構，可以因應任務，增加不同機構組裝，極具彈性與變化應用。本章內容介紹 IPOE G1 的硬體部分，包含了 IPOE G1 控制板 Arduino Uno 相容之 Motoduino U1 控制板與 V3 感測互動擴展板、周邊的感測器模組、驅動馬達等，以及組裝結構的智高 Gigo 積木。

1-1 什麼是 Arduino

Arduino 是在 2005 年 1 月由義大利米蘭互動設計學院的教授 David Cuartielles 和 Massimo Banzi 所設計，是一塊基於開放原始碼發展出來的 I/O 介面控制板，讓使用者可以快速使用 Arduino 語言與 Processing……等軟體，做出互動作品。原始構想是希望讓設計師及藝術家們，透過 Arduino 很快地學習電子和感測器的基本知識，快速地設計、製作作品的原型，很容易與目前設計系所學的軟體整合，使得虛擬與現實的互動更加容易，因此非常適合不具電子背景的人使用，以設計出各種不同的互動裝置。Arduino 依照設計種類不同，有不同的命名，各有不同的特性，例如：Uno、Leonado、Mega、LilyPad、Nano、Mini、Micro 等；IPOE G1 採用的控制板是 Arduino Uno 相容板。

1-2 控制系統 Arduino

一 Arduino Uno 簡介輸入 / 出腳位說明

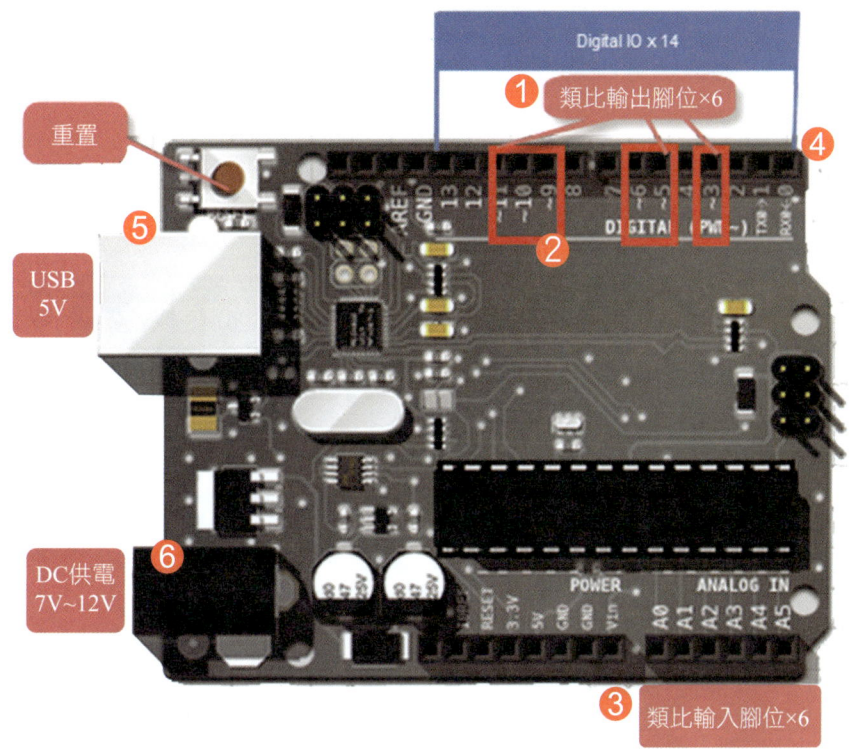

★ 圖 1-1　Arduino Uno 腳位說明

★ 表 1-1　Arduino Uno 輸入 / 出腳位說明

編號	名稱	功能
①	數位輸入／輸出（Digital I/O）腳位	D0～D13 共 14 個
②	模擬類比輸出（Analog Out）腳位	共 6 個，數位輸入／輸出腳位裡的 D3、D5、D6、D9、D10、D11 做模擬類比輸出（PWM）的動作
③	類比輸入（Analog In）腳位	A0～A5 共 6 個
④	TX/RX	支援 TX/RX 訊號輸入輸出（若使用為 TX/RX 時，數位 I/O pin 0,1 不可作為數位輸出入 / 使用）
⑤	USB 傳輸與供電	支援 USB 直接供電，以及 USB 接頭資料傳輸
⑥	輸入電壓	可選擇 USB 直接供電或外部供電（建議 7V～12V），Uno 會自動切換
⑦	輸出電壓	有 5V、3.3V 兩種針腳
⑧	線上燒錄功能	USB 直接上傳燒錄
⑨	LED 13	pin 13 內建一個 LED

註　因應使用需要時，A0~A5 類比輸入腳位可以改成數位輸出 / 輸入腳位使用。

二 Motoduino U1 控制板

IPOE G1 選用 Arduino Uno 相容之 Motoduino U1 控制板，Motoduino U1 是結合 Arduino Uno 和 L293D 馬達驅動晶片的一塊整合板，可以驅動兩顆直流馬達（電流最大到 1.2A）及利用 PWM 特性控制馬達轉速。Motoduino U1 完全相容於 Arduino Uno R3，大部分可以堆疊上去 Arduino 的擴充板都可以使用。

★ 圖 1-2　Motoduino U1 控制板

★ 表 1-2　Motoduino U1 控制板輸入 / 出腳位說明

編號	名稱	功能
①	數位輸入／輸出（Digital I/O）腳位	D0～D13 共 14 個
②	模擬類比輸出（Analog Out）腳位	共 6 個，數位輸入／輸出腳位裡的 D3、D5、D6、D9、D10、D11 做模擬類比輸出（PWM）的動作
③	類比輸入（Analog In）腳位	A0～A5 共 6 個
④	直流馬達控制腳位	4 個（D5/D6 控制轉速，D10/D11 控制轉向）D5、D10 驅動 M1，D6、D11 驅動 M2
⑤	藍牙模組插槽	3.3V（TX/RX）
⑥	USB 傳輸與供電	支援 USB 5V 直接供電，以及 USB 接頭資料傳輸
⑦	可外接電源電壓	9V～12V
⑧	馬達外接電源電壓	5V～12V（需調整 Jumper）

1-3 Motoduino V3 感測互動擴展板

　　為提供使用者輕鬆入門，減少感測模組接線的困擾，IPOE G1 選用 Motoduino V3 感測互動擴展板，感測互動擴展板上配置了麥克風、按鍵開關、光源感測、滑桿式可變電阻、RGB LED、蜂鳴器等元件。使用者只要將其搭接至 Arduino Uno 或 U1 上以後，就不需要再另外配線，便可透過相關軟體來直接操控上面的元件。擴展板上有 4 組 RJ11 的接頭可供外部連接其他裝置或元件，例如：溫濕度感測器、土壤濕度感測器等。另外預留 1 個藍牙孔位給需要無線傳輸的使用者。此板子上也預留 3 個類比腳位（A3、A4、A5）及 11 個數位腳位（D0、D1、D2、D3、D4、D7、D8、D10、D11、D12、D13）給其他外部感測器使用。

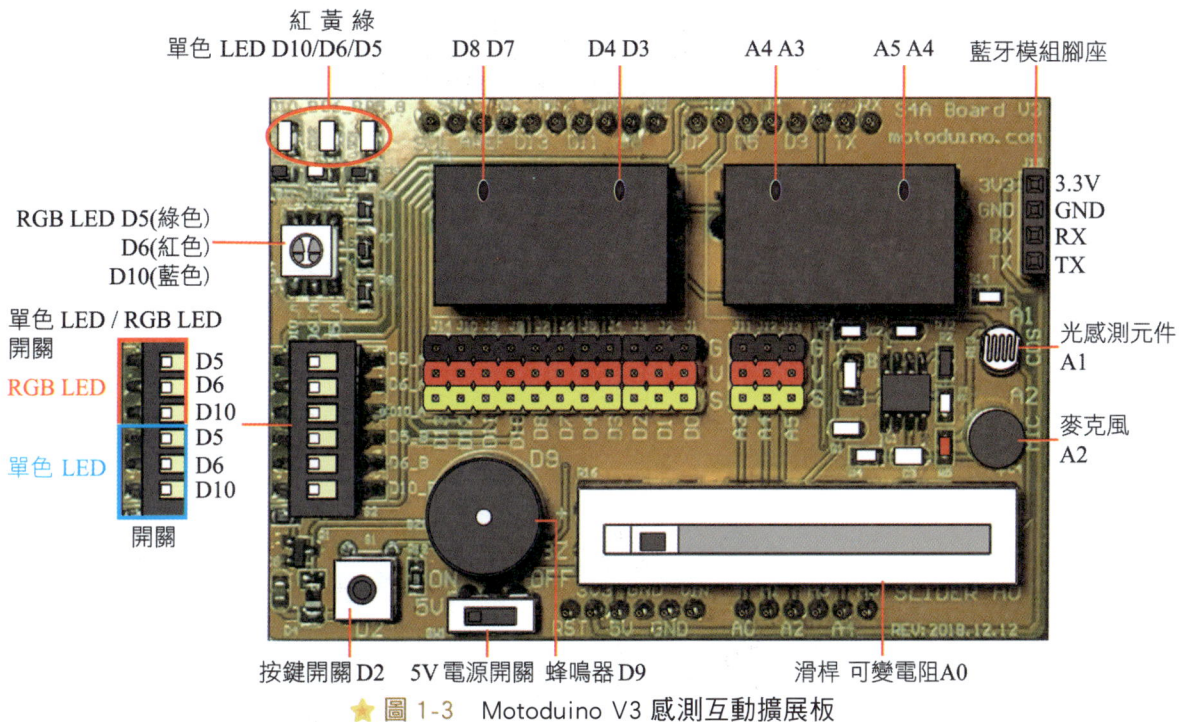

★ 圖 1-3　Motoduino V3 感測互動擴展板

1-4 組裝 IPOE G1 控制板模組

筆者使用一片自行設計並雷射切割製作的壓克力板，將 Motoduino U1 控制板搭接 Motoduino V3 感測互動擴展板，另外整合了 LCD 1602 液晶顯示幕，讓執行程式的訊息可以直接顯示，構成了 IPOE G1 控制板模組。壓克力板的背面切割了可以與智高 Gigo 結構與機構積木組合的孔位，如此構成 IPOE G1 積木機器人控制板模組，具有方便操作又具創意擴充性的特性。以下為組裝的說明：

一 尖尾螺釘固定 Motoduino Uno U1 控制板與液晶顯示幕

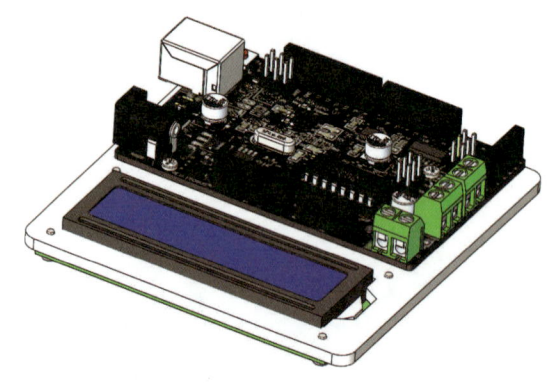

二 搭接 Motoduino V3 感測擴展板

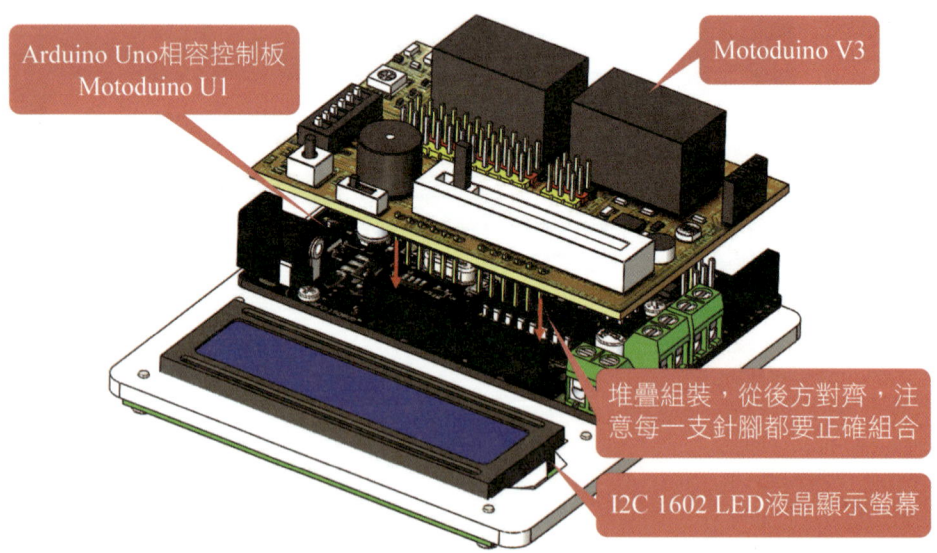

- Arduino Uno相容控制板 Motoduino U1
- Motoduino V3
- 堆疊組裝，從後方對齊，注意每一支針腳都要正確組合
- I2C 1602 LED 液晶顯示螢幕

三 組合完成

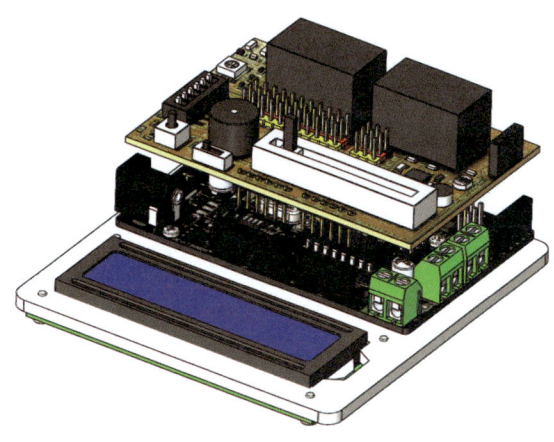

1-5 IPOE G1 其他周邊感測模組與驅動馬達

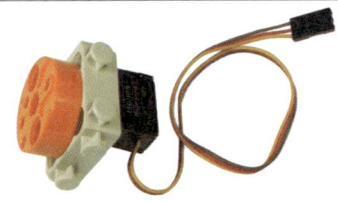 角度伺服馬達 ×1	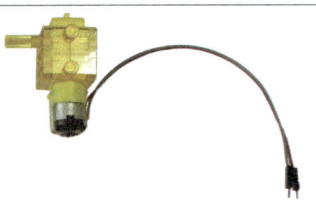 1:120 單軸輸出 TT 馬達 ×2
 HC-SR04 超音波測距模組 ×1	 3 路數位循跡感測模組 ×1
 DHT11 溫溼度感測器 ×1	 藍牙模組 HM-10 BLE×1
 #18650*2 電池盒（U1 控制板外供電源及直流驅動模組共用）×1	

1-6　IPOE G1 控制板與各種模組的接線

一　接線說明

IPOE G1 控制板除了搭接 Motoduino V3 感測互動擴展板，直接使用擴展板上的輸出/入電子元件之外，還可以選用各種感測模組；擴展板上有 4 組 RJ11 的接頭，還有 14 組杜邦排針腳位。控制板與各種外接模組的接線，主要以 RJ11 信號線，以及杜邦端子線 2 種方式連接。

RJ11 接頭方式有雙端 RJ11 接頭的信號線；還有一端為 RJ11 接頭、另一端為 4 芯杜邦母頭接線。

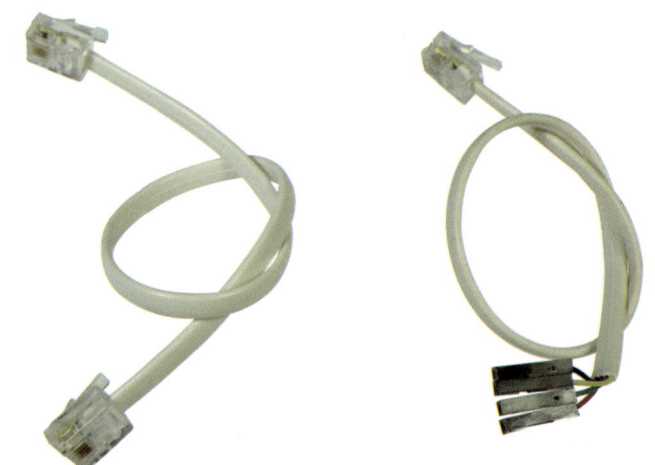

⭐ 圖 1-4　雙 RJ11 接頭的信號線（左），一端為 RJ11 接頭、另一端為 4 芯杜邦母頭的信號線（右）

1. 使用具有 RJ11 母座的感測器模組，直接使用雙 RJ11 接頭的信號線連接。
2. 當感測器端為杜邦針腳時，使用一端為杜邦頭，另一端為 4 芯接線 4P 接線。
   4 芯接線 4P 部分：黑線→ GND，紅線→ VCC，綠線→ S2，黃線→ S1。

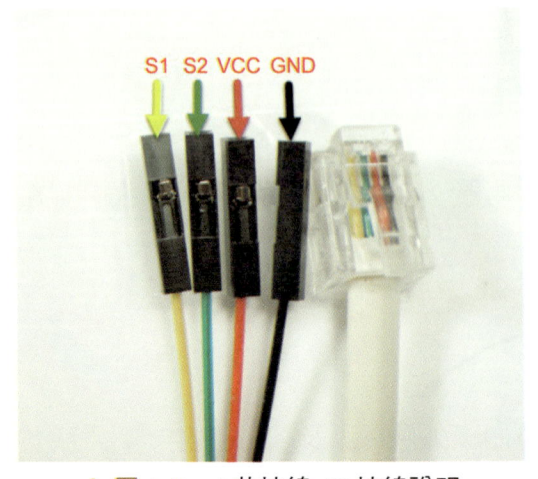

⭐ 圖 1-5　4 芯接線 4P 接線說明

3. 以 2 端都是杜邦排線方式，連接在擴展板上的杜邦針腳時，請注意 GND、VCC、S 腳位一定要正確，不可以發生跨接或錯接腳位，否則會燒壞電子零件甚至 Arduino 控制板！

G → 地線：低電位 0V 接腳，一般為黑或褐色
V → VCC：高電位 5V 接腳，一般為紅色
S → Signal：訊號接腳，一般為白或黃色

★ 圖 1-6　杜邦排線腳位說明

二、外接周邊模組

IPOE G1 控制板模組配置的外接周邊模組，連接線如下說明：

圖示	說明
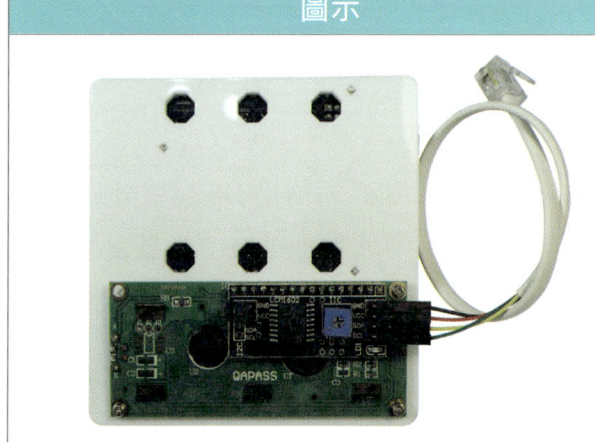	**I2C 1602 液晶顯示幕**：使用 RJ11 杜邦 4P 信號線 | 杜邦端 | 模組端 | |---|---| | 黑 | GND | | 紅 | VCC | | 黃 | SDA | | 綠 | SCL | RJ11 端插在 A5、A4 插孔
	**超音波測距模組**：使用 RJ11 杜邦 4P 信號線，以 RJ11 與 4 芯杜邦線連接 | 杜邦端 | 模組端 | |---|---| | 黑 | GND | | 黃 | Echo | | 綠 | Trig | | 紅 | VCC | RJ11 端插在 D4、D3 插孔

圖示	說明
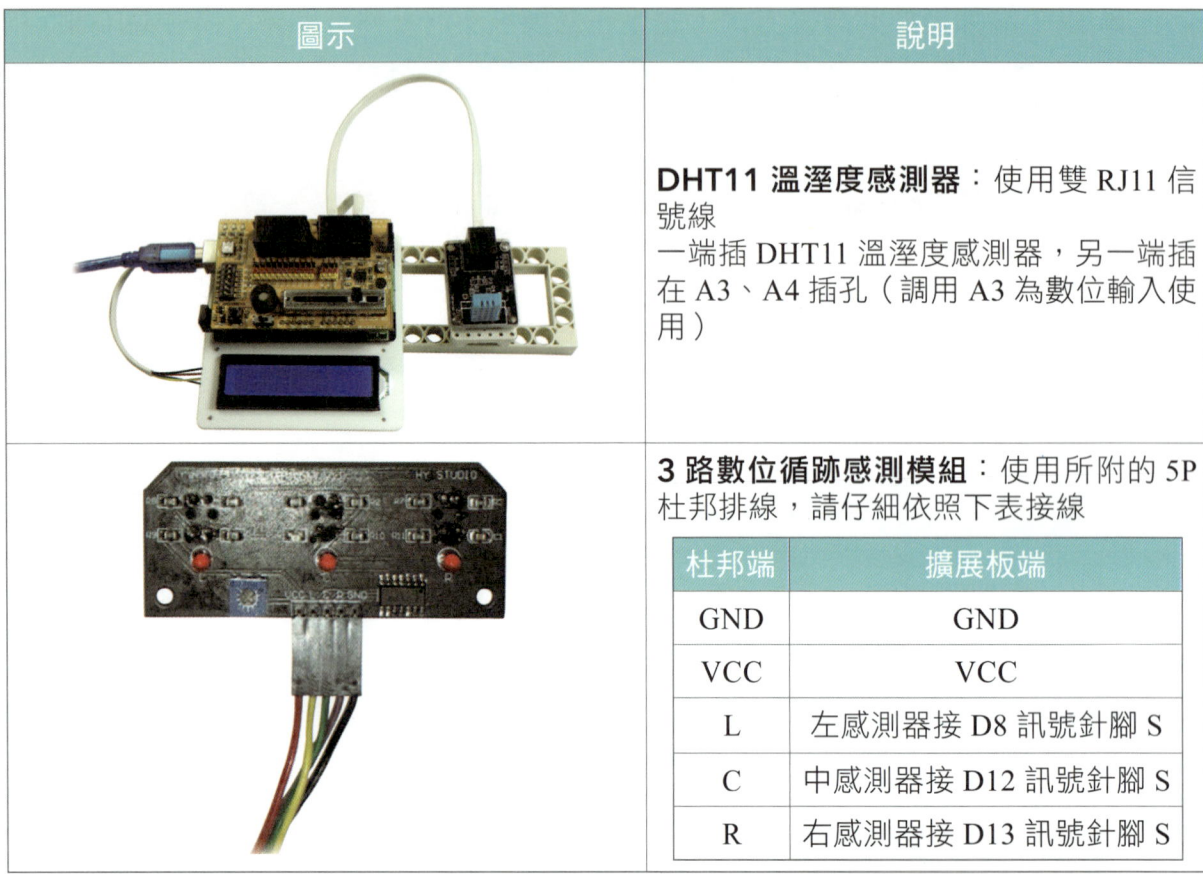	**DHT11 溫溼度感測器**：使用雙 RJ11 信號線 一端插 DHT11 溫溼度感測器，另一端插在 A3、A4 插孔（調用 A3 為數位輸入使用）
	3 路數位循跡感測模組：使用所附的 5P 杜邦排線，請仔細依照下表接線 | 杜邦端	擴展板端
GND	GND
VCC	VCC
L	左感測器接 D8 訊號針腳 S
C	中感測器接 D12 訊號針腳 S
R	右感測器接 D13 訊號針腳 S	

1-7 IPOE G1 積木機器人腳位配置

　　IPOE G1 控制板搭配 Motoduino V3 感測互動擴展板，為了初學者使用方便，已經預先配置了直流馬達驅動模組與多種輸出輸入元件在擴展板上；相對的也占有 Arduino Uno 的控制腳位。因此當因為專題需求，需要增加或改變其他感測模組時，請參考以下的腳位配置表，適當地調度使用，才能發揮最大的使用效益。下表中有綠色標記的是已經預先被配置占用的腳位，其他腳位則可以視需要，調換其他模組使用。

★ 表 1-3　IPOE G1 積木機器人腳位配置表

腳位	Motoduino U1	Sensor board V3	IPOE G1 整合使用	使用說明
D0	UART	藍牙	藍牙模組	上傳燒錄程式時需拔起藍牙模組，否則會衝突
D1	UART	藍牙		
D2		按鈕	按鈕	
D3			超音波	
D4			超音波	
D5	直流馬達驅動	LED 綠 /RGB 綠		指撥開關切換
D6	直流馬達驅動	LED 黃 /RGB 紅		指撥開關切換
D7			MG90S 伺服馬達	
D8			循跡 L	
D9		蜂鳴器		
D10	直流馬達驅動	LED 紅 /RGB 藍		指撥開關切換
D11	直流馬達驅動			未使用直流馬達時可用
D12			循跡 C	
D13			循跡 R	
A0		滑桿可變電阻	滑桿可變電阻	
A1		光感測元件	光感測元件	
A2		麥克風	麥克風	
A3			DHT11 溫濕度感測器	調用為數位輸入使用
A4	I2C		LCD 液晶顯示幕	I2C 可同時接數個不同位址的模組使用
A5	I2C			

1-8 結構與機構—智高積木

　　IPOE G1 積木機器人採用 Gigo 品牌積木系統作為結構與機構零件。智高 Gigo 成立於 1976 年，是具有 45 年歷史的 MIT 精品，智高積木元件與其它品牌積木最大的不同之處，在於屬於框架（frame）的結構積木，可以依自己的需求組合建構模型；以 10mm 為基數的零件設計，形成三軸向自由度的延伸，可以方便組裝，所需的零件數也最少。框架的每一個圓孔為 8mm，是凹凸配合部位，也是傳動軸的支撐部位，因此很輕易就可以找到需要的組裝尺寸。

　　另外智高積木擁有完整且合乎機械原理的各種傳動元件與動力來源元件，可以很容易地建立符合需求的動態（dynamic）結構，而 Gigo 也支持開放學習課程，設計了與開放電控硬體轉接的創意積木，讓結構與控制積木互相連結，快速實現不同的功能設計。

一、使用積木列表

15cm 大長方框 ×1	13cm 超長框 ×1	5cm 方框 ×1	15cm 超長條 ×1
5 孔超長條 ×3	5 孔長條 ×1	3 孔長條 - 無側孔 ×1	3 孔超長條 ×2
3 孔長條 - 側孔 ×2	7 孔圓長條 ×1	90 度連接器 - 左 ×4	90 度連接器 - 後 ×2
馬達短軸 ×1	35mm 傳動軸 II ×1	短結合鍵 ×20	賽車輪 ×2
萬向滾輪 ×1	145 度齒輪曲軸 -A×1	145 度齒輪曲軸 -B×1	6 孔爪形長條 ×2
20mm 圓管 ×4	二凸一孔結合器 ×1	C-TT 馬達轉接殼 ×4	C-TT 馬達轉接軸 ×2

IPOE G1 硬體介紹

扳手 X1	扳手使用介紹
A 端 - 拔取長、短結合鍵（撬） B 端 - 拔取自轉軸，或其他框與框、長條、轉接頭等接合處，伺服馬達與框架等分解（鏟） 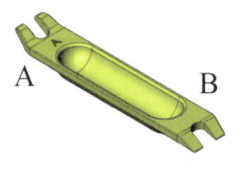	 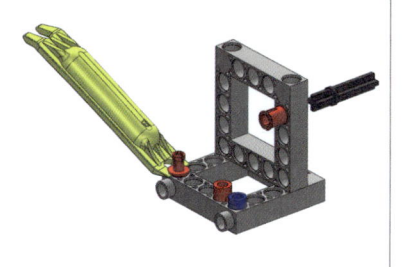 註：鬆結合鍵拔不出來時，可用十字軸從後端頂出

二 智高積木與電控積木的轉接件

為了正確與快速地組合積木機器人架構，IPOE G1 外接的感測器均固定在專門設計的**轉接盤**上，下方有結合孔位。而在傳達動力的伺服馬達與直流馬達方面，將市面上普及的伺服馬達與直流馬達，套上專用轉接零件，所有的固定位置與輸出軸向，都能方便與 Gigo 積木零件直接連結。

★ 圖 1-7　HC-SR04 超音波測距模組

★ 圖 1-8　DHT11 溫溼度感測器

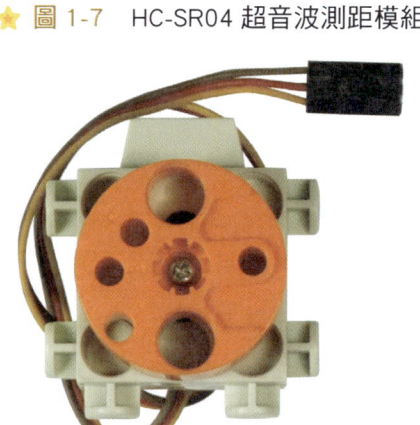

★ 圖 1-9　角度伺服馬達

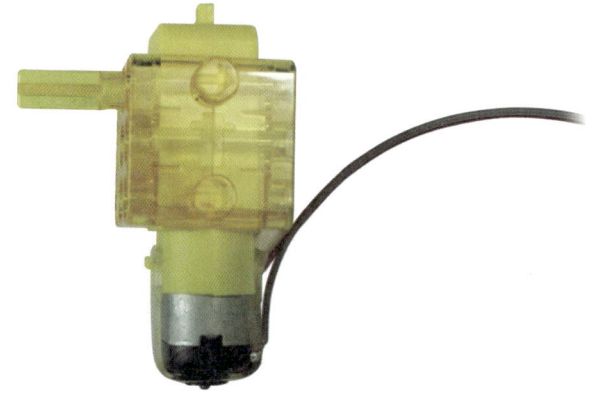

★ 圖 1-10　1:120 單軸輸出 TT 馬達

Chapter 1 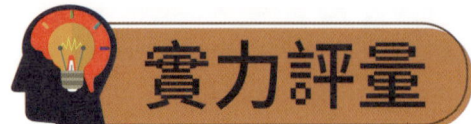 實力評量

選擇題

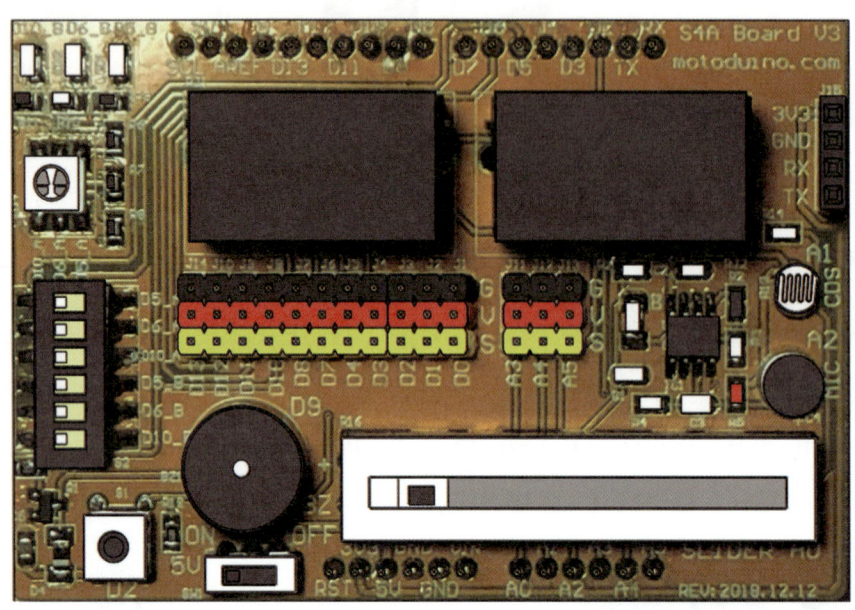

上圖為 IPOE G1 使用的感應互動擴展板,請回答第 1 題~第 3 題。

( ) 1. 內建可變電阻(滑桿式)位於哪一個腳位?
(A) A0　(B) A1　(C) A2　(D) A3。

( ) 2. 內建於 A2 腳位的元件為何?
(A) 光感測元件　(B) 麥克風　(C) 蜂鳴器　(D) 按鈕開關。

( ) 3. 內建於 D9 腳位的元件為何?
(A) 光感測元件　(B) 麥克風　(C) 蜂鳴器　(D) 按鈕開關。

( ) 4. IPOE G1 使用的 Motoduino U1 控制板,完全相容於 Arduino 系列的哪一種產品?
(A) Arduino nano　　　　　　(B) Arduino Mega2560
(C) Arduino Uno　　　　　　(D) Arduino Tiny。

( ) 5. IPOE G1 使用的 Motoduino U1 控制板,直接結合直流馬達驅動晶片,並可以控制 2 顆直流馬達,請問它是使用哪一個晶片?
(A) L9110S　(B) L298N　(C) L293P　(D) L293D。

Chapter 2

軟體─圖控程式 mBlock

本章節次

2-1 認識圖控程式

2-2 安裝圖控程式 mBlock5

2-3 圖控程式 mBlock5 整合開發環境

2-4 即時模式和上傳模式

2-5 mBlock5 程式積木

2-1 認識圖控程式

程式設計當中，例如 C 語言採用英文（txt）本文式書寫，而程式設計本身非常重視邏輯結構，加上變數的命名規則嚴謹，可讀性不高，讓入門的初學者望之卻步。圖控程式的發展以 MIT 麻省理工學院媒體實驗室的 Scratch 為濫觴，使用直讀的積木式圖形化程式，讓程式學習變得有趣與直覺，後續以此圖控概念而發展的圖控程式蓬勃發展，不斷推陳出新。

隨著 Arduino 開放控制板的發展，由於 Arduino 開放原始碼的社群學習特性，許多工程師投入開發，出現了許多 Arduino 的學習工具軟體。圖控程式軟體就有許多版本，如何選用來作為入門學習的工具，需要就它的功能是否設計完整、操作是否直覺且平易近人、是否有燒錄離線執行能力等來判斷。

MIT 的 Scratch 基礎設計的互動程式介面與操作，使用者很容易上手與創作，當進展至 Scratch2.X 之下可以自建積木的功能，坊間有多種使用 Python 寫成的連接介面程式，例如將 S4A、S2A、Picoboard……等外部裝置的韌體整合在一個介面上，兼用 Scratch 2.X 的影像聲音等功能，又可以連結 Arduino 板。但是因為使用韌體來控制 Arduino 的 I/O 腳位，運算與作動都是以軟體連線來執行，因此運算反應較慢，也無法燒錄離線執行。而中國 Makeblock 公司最先以 Scratch2.X 為基礎推出了 mBlock3，兼具離線與連線的控制功能。

Makeblock 最新研發的 mBlock5 的操作方式與 Scratch3 的介面近乎相同，更兼有 Scratch 互動，以及燒錄程式到 Arduino 板的離線應用功能。mBlock5 圖控程式主要提供 MakeBlock 的各項產品程式設計與控制使用，提供給 Arduino 的開源感測器使用的程式積木功能較少。mBlock5 開放以「延伸集」的方式，可以自行延伸擴充程式積木。因此 IPOE G1 使用 mBlock5 作為程式設計軟體，由 motoduino 公司設計擴充程式積木，結合 mBlock5 與 motoduino 感測互動擴展板，提供初學者方便易學的機電控制設計界面。

2-2 安裝圖控程式 mBlock5

一 下載 mBlock5.4.0 版本

這是基於 Scratch3 基礎開發的圖控程式，請連接至官方網站 https://mblock.makeblock.com/zh-cn/download/，下載 mBlock5，筆者撰寫時的版本為 mBlock5.4.0，本書以 Windows10 版為例，點選即可下載。

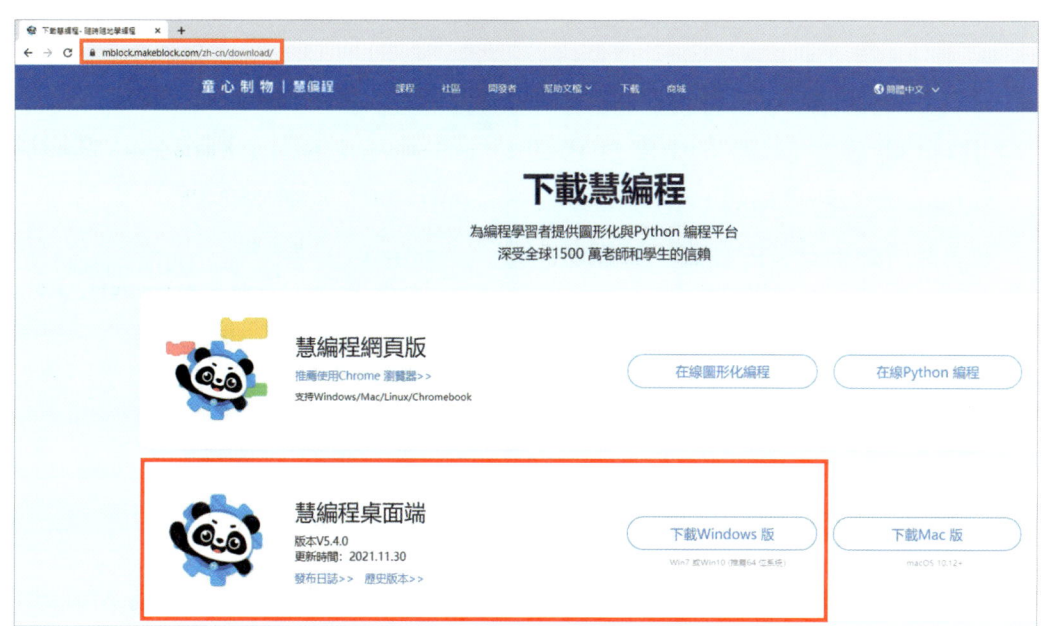

⭐ 圖 2-1　下載 mBlock5.4.0 版本

二 安裝 mBlock5

Step.1　下載的安裝檔名稱為 mBlock5.4.0exe，在檔案上點二下開始執行安裝。

Step.2 預設安裝路徑為 C:\Users\Public\Programs\mblock\，將自動安裝到完成，並且開啟 mBlock。

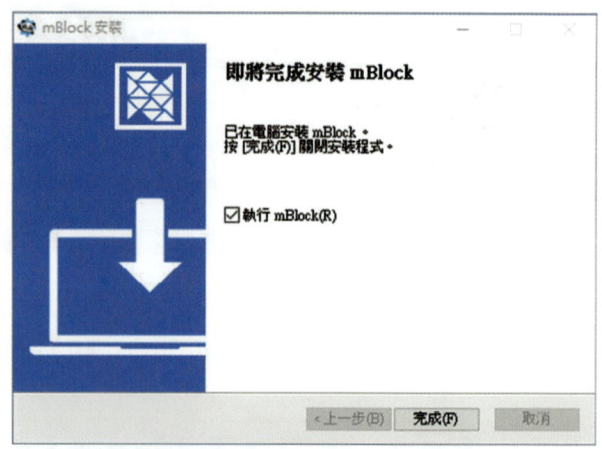

Step.3 安裝即將完成時，會提示安裝 CH340 的驅動程式，這是許多 Arduino 相容板使用的 USB 傳輸驅動晶片所必須安裝的程式，請點選 [INSTALL]，直到提示安裝成功的訊息。

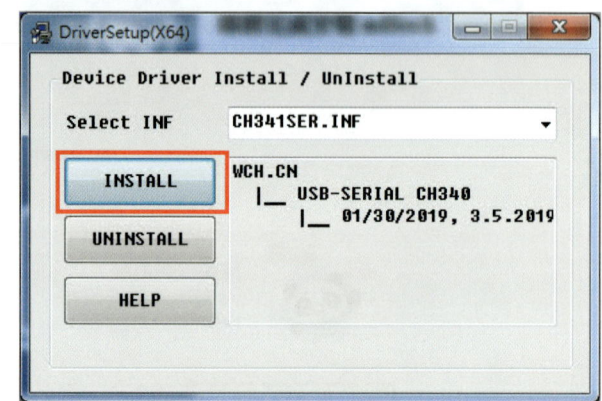

三 安裝完成

執行 mBlock5，就會出現以下的畫面，在左下角內定的設備為 Makeblock 的 Cyber Pi。

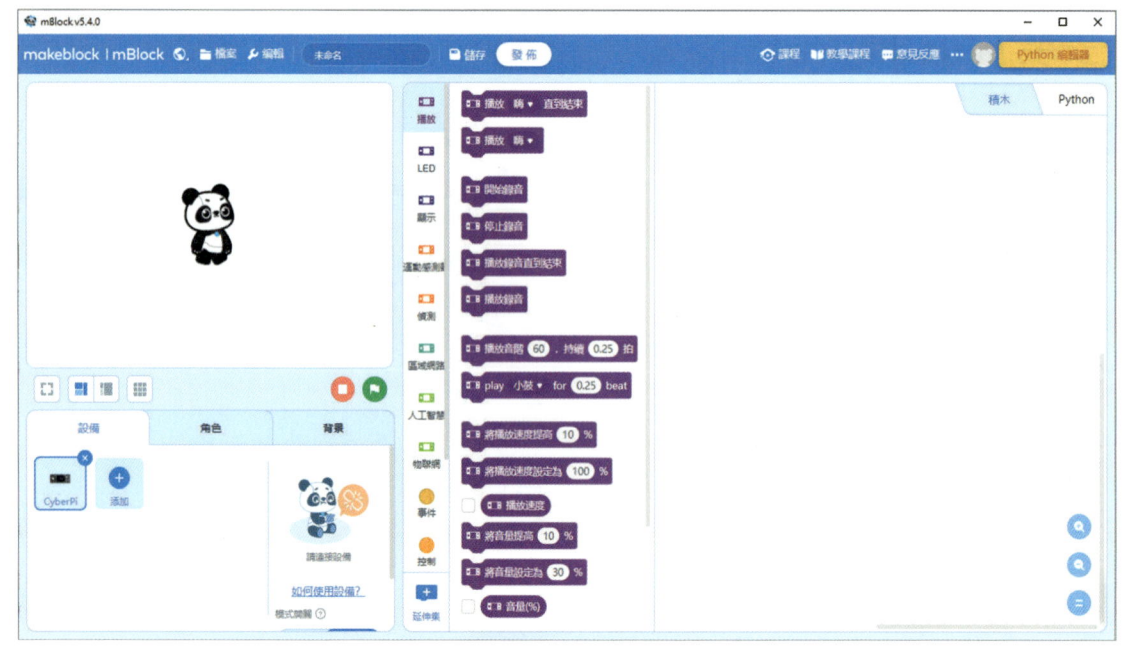

★ 圖 2-2 安裝完成

四 添加設備 Arduino Uno 控制板與安裝擴充程式積木 motoduino_IPOEg1.mext

Step.1 執行 mBlock5，在左下設備區，點按 [+ 添加]

Step.2 在設備庫中，點選 [Arduino Uno]，並點按 Arduino Uno 左上角的星星符號，將 Arduino Uno 設定為常用設備，下次開啟 mBlock5 時，Arduino Uno 就會直接顯示於設備區。

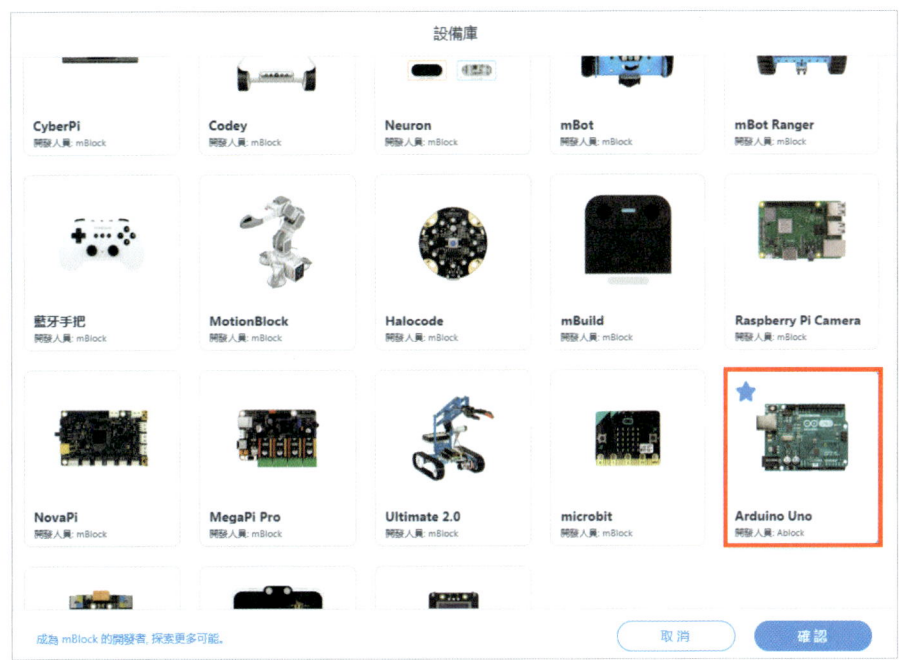

Step.3 解壓縮下載的擴充積木 motoduino_IPOEg1 壓縮檔，將 motoduino_IPOEg1.mext 檔，直接拖曳到程式積木區，正確完成時會提示「Motoduino_IPOE-G1 更新成功」，你會發現在積木區多了 IPOE-G1 專用擴增積木群組。

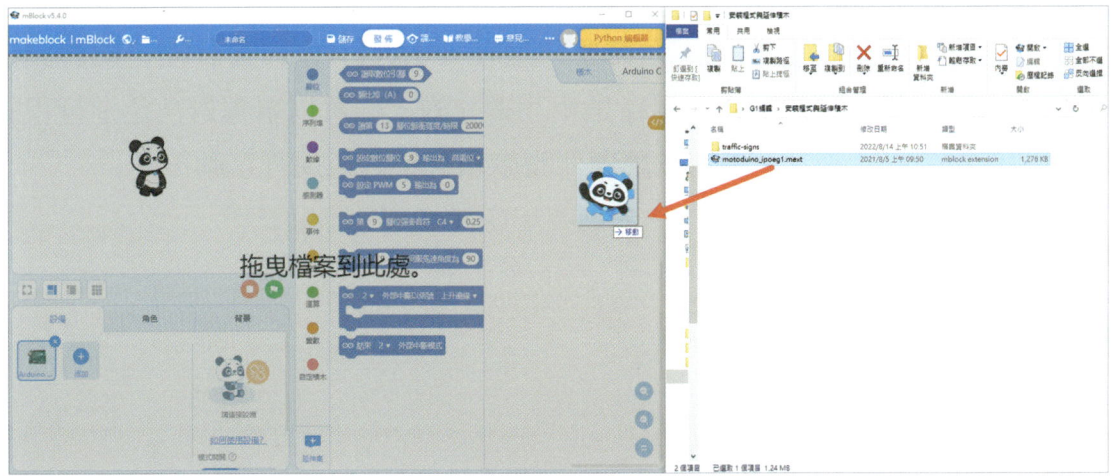

◎下次執行 mBlock5 時,請點選程式積木區下方的 [+ 延伸集],內含由各開發者提供的擴充元件有數百種之多,請用關鍵字「IPOE」搜尋,找到 Motoduino_IPOE-G1,並且點按 [+ 添加],完成。

2-3　圖控程式 mBlock5 整合開發環境

　　由於 mBlock5 是基於 Scratch3 基礎開發的圖控程式,光是螢幕角色程式設計的學習,就已經涵蓋非常多內容。IPOE G1 積木機器人使用 mBlock5 作為圖形化程式設計軟體,重點放在機器人硬體的程式控制部分;若你是首次使用圖形化程式設計軟體,建議先閱讀 Scratch3 相關教學課程與快速學習如何使用 Scratch3 程式設計製作一些簡單的案例。

　　在正式開始程式設計之前,你需要知道在 mBlock5 程式設計裡,硬體設備、角色和舞台區背景之間的程式編輯區是相互獨立的。你可以單獨對角色進行程式設計或對硬件設備程式設計,還可以讓硬件設備和背景角色進行互動。

mBlock5 積木程式語言與 Scratch3.0 相容，程式設計視窗主要分為以下幾個區域：A. 舞台區，B. 設備、角色與背景切換、C. 積木、D. 程式區：

★ 圖 2-3　mBlock5 程式設計視窗

A.舞台：顯示角色程式執行的結果。

B.設備：連接硬體設備，在 IPOE G1 的應用時，硬體添加 Arduino Uno。

角色：依據點選的角色，設計角色的相關程式積木。

背景：舞台場景的設計。

C.積木：積木化的程式指令。

D.程式區：積木組合與設計程式區；在右上角 </> 可以切換開啟並閱讀轉換成 Arduino C 的程式。

至於程式的存取，在 mBlock5 上方的工具列點選檔案，「檔案」裡的打開與儲存，需要登入到網路。因此在本機的程式存取，請以「從電腦打開」、「存儲到您的電腦」的方式執行。

2-4 即時模式和上傳模式

mBlock5 有兩種執行程序的模式：即時模式和上傳模式。點擊模式切換按鈕即可切換模式。

一 即時模式

即時模式下不需要上傳程序，可以即時檢查執行結果，方便使用者測試程序，同時可以透過廣播和變數來達成設備 Arduino 和螢幕角色互動。

它是藉由一個預先設計的韌體程式，燒錄到 Arduino Uno 中，透過 USB 傳輸線，互相通訊的方式，來達到 mBlock5 與 Arduino Uno 互動。

操作步驟如下：

Step.1 執行 mBlock5，Arduino Uno 控制板以 USB 傳輸線連接。

Step.2 點擊 [連接]，USB 選 [顯示所有可連接的設備]，按顯示的 COM，直到出現提示「連接成功」。

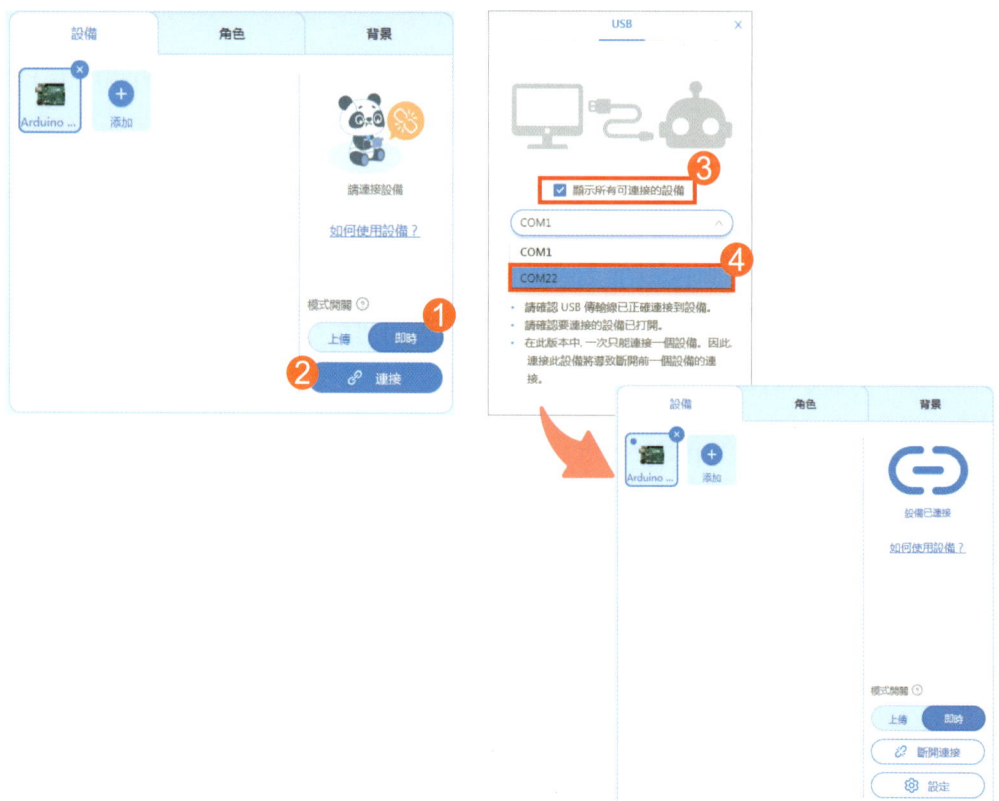

軟體—圖控程式 mBlock　2

Step.3 　模式開關點選 [即時] 模式，並按 [設定]→更新韌體，直到完成。

Step.4 　更新好韌體後，需要再重新連接硬體。

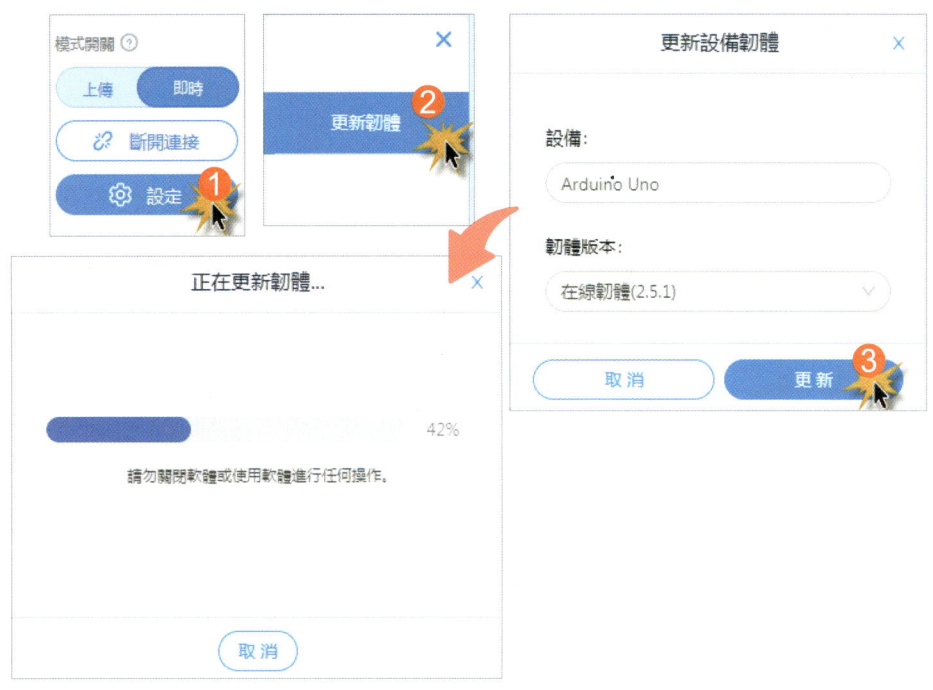

二　上傳模式

　　上傳模式需要將程式上傳燒錄到設備，上傳成功後將切斷設備與 mBlock5 的連接，程式依然能夠在設備內執行。

　　操作步驟如下：

Step.1 　執行 mBlock5，Arduino Uno 控制板以 USB 傳輸線連接，直到出現「連接成功」的提示。

Step.2 　模式開關點選 [上傳] 模式。

Step.3 　以圖控程式設計，完成後點選 [上傳]，開始上傳燒錄程式到 Arduino Uno 控制板。

Step.4 　再次使用 [上傳] 模式時，重新執行設備連接。

　　在上傳模式之中，mBlock 5 設計一個 [上傳模式廣播]，將程式上傳至 Arduino Uno 控制板，可以使用 [上傳模式廣播]，讓 Arduino Uno 將執行獲取到的資訊，以通訊方式（USB 連接）跟 mBlock 5 互相傳遞，可擴增 Arduino Uno 的應用範圍。

23

2-5　mBlock5 程式積木

　　mBlock5 的圖控程式積木，設計得十分完整，分成九個群組與延伸集，每個群組都以 [顏色] 來區分，在傳統 Arduino 程式設計的程式流程、算術、邏輯運算，順序結構等，都考慮得很完整，加上 IPOE G1 擴充積木的支援，與 Arduino 的連結控制變得更加簡便，以下以群組分類的方式來說明 mBlock5 程式積木。

★ 表 2-1　mBlock5 程式積木

	程式　群組 / 積木	說明
事件	當 Arduino Uno 啟動時	Arduino 啟動 上傳模式程式執行的開頭
	當 ▶ 被點一下	即時模式 綠旗啟動事件
	當 空白鍵 ▼ 鍵被按下	即時模式 鍵盤啟動事件
	當收到廣播訊息 訊息1 ▼	即時模式 廣播啟動事件
	廣播訊息 訊息1 ▼ 廣播訊息 訊息1 ▼ 並等待	即時模式 發出廣播訊息
控制	等待 1 秒	延遲函數，在程式積木單位為「秒」
	重複 10 次	迴圈結構，可以設定迴圈的次數，然後執行……
	不停重複	程式中只允許有一個主程式，主程式能夠呼叫副程式，但不能被副程式呼叫
	如果　那麼	選擇結構，如果條件滿足……，執行……

程式　群組 / 積木	說明
控制：如果 那麼 / 否則	選擇結構，如果條件滿足，執行……；否則執行……
等待直到	迴圈結構，直到條件滿足的時候 break 跳出迴圈
重複直到	無限迴圈結構，重複執行……，直到條件不滿足時 break 跳出迴圈
當 Arduino Uno 啟動時／設定數位腳位 3 輸出為 高電位／不停重複	mBlock 程式轉譯時，將不停重複 loop() 之前轉譯為 setup()。setup() 是當 Arduino 執行時須設定的參數，做初始化的動作，只執行一次。這裡的「設定」setup() 和「迴圈」loop() 分別表示 Arduino 主程式的兩個函數
運算：+ - * /	算術運算 加 減 乘 除
從 1 到 10 隨機選取一個數	隨機數
大於 50 / 小於 50 / = 50	比較運算 大於 小於 等於
且 / 或 / 不成立	邏輯判斷，成立為真，不成立為假；三種布林邏輯運算 AND（且） OR（或） NOT（不成立）

程式 群組 / 積木	說明
運算 ◯ 除以 ◯ 的餘數 將 ◯ 四捨五入	數學運算 求餘數 四捨五入到最近的整數
絕對值 ▼ 數值 ◯ ✓ 絕對值 無條件捨去 無條件進位 平方根 sin cos tan asin acos atan ln log e ^ 10 ^	數學運算 絕對值 無條件捨去 無條件進位 平方根 三角函數 指數運算 指數 對數
組合字串 蘋果 和 香蕉 字串 蘋果 的第 1 字母 蘋果 的字元數量 字串 蘋果 包含 一個 ?	合併字串 取得字串中某一字元 取得字串長度 查找字串索引
數據 ∞ 映射 50 從(1 , 100)到(1 , 1000)	將 value 變數依照 fromLow 與 fromHigh 範圍，對等轉換至 toLow 與 toHigh 範圍。時常使用於讀取類比訊號，轉換至程式所需要的範圍值
∞ 限制 50 最低 1 , 最高 100 範圍	判斷 x 變數位於 a 與 b 之間的狀態。x 若小於 a 回傳 a；介於 a 與 b 之間回傳 x 本身；大於 b 回傳 b
∞ 97 轉換後的 ascii 字元 ∞ a 轉換後的 ascii 數值	轉成字元 轉成 ascii 數值
∞ 123 轉換為 小數 ▼ 整數 ✓ 小數 字串	數據轉成整數 數據轉成小數 數據轉成字串

程式　群組/積木	說明
變數（建立變數、TEST、變數 TEST 設為 0、變數 TEST 改變 1）	變數是指程式執行中可以儲存的數值或字串，方便運算或做判斷

mBlock 的變數型態，為簡化程式設計，數值類僅有 float 浮點數，文字類僅有 String 字串 |
| 做一個清單、ARRAY、添加 物品 到清單 ARRAY、刪除清單 ARRAY 的第 1 項、刪除清單 ARRAY 內所有資料、插入 物品 到清單 ARRAY 的第 1、替換清單 ARRAY 的第 1 項為 物 | 清單（陣列）

可以儲存數值或是字串，其數量可以動態增減

mBlock5 清單只能在即時模式使用 |
定義 RUN、RUN	自訂積木指令，可以自訂一個新的積木，方便重複呼叫引用（reuse），可以稱為副程式
讀取數位引腳 9	讀取數位腳位 n 的狀態
類比埠（A）0	讀取類比腳位 n 的數值
設定數位腳位 9 輸出為 高電位（高電位／低電位）	設定數位腳位 n 為高電位／低電位
設定 PWM 5 輸出為 0	設定模擬類比腳位 n 輸出值
設定 9 腳位伺服馬達角度為 90	設定腳位 n 的伺服馬達角度值
讀第 13 腳位脈衝寬度／時限 20000	讀取腳位 n 脈衝寬度／時限，上傳模式才有效
第 9 腳位彈奏音符 C4 0.25 拍	設定腳位 n 的蜂鳴器演奏音符與節拍，上傳模式才有效

軟體─圖控程式 mBlock

程式　群組 / 積木	說明
慧手U1 直流馬達 編號 M1▼ 速度(-255~255) 0　（M1 / M2）	U1 直流驅動腳位控制 M1、M2 的轉速，以 -255~255 控制正反轉向
SG-90 伺服馬達 腳位 D7▼ 旋轉角度(0~180) 0 延遲 0	定位型伺服馬達控制，IPOE G1 內定連接於 D7
DHT11 溫溼度感測器 腳位 A3▼ 讀取數值 溫度▼　（溫度 / 濕度）	溫溼度感測器 DHT11，可選擇偵測溫度或濕度值，IPOE G1 內定連接於 A3
HC-SR04 超音波感測器 Trig腳位 D4▼ Echo腳位 D3▼	超音波感測器 HC-SR04，IPOE G1 內定連接於 D3/D4，Trig 腳位 D4，Echo 腳位 D3
1602顯示器 初始設定位址 0x27▼ 1602顯示器 清除所有文字 1602顯示器 背景光源 開啟▼ 1602顯示器 設定游標位置 行 0▼ 列 0▼ 1602顯示器 字串顯示 ◯ 1602顯示器 文字跑馬燈滾動方向 向左▼	I2C 1602 液晶顯示器初始位址 0×27 I2C 1602 液晶顯示器清除所有文字 I2C 1602 液晶顯示器開啟 / 關閉背景光源 I2C 1602 液晶顯示器設定游標位置 I2C 1602 液晶顯示器顯示字串內容 I2C 1602 液晶顯示器文字捲動方向
設定Serial序列埠 傳輸率 9600▼ bps 序列埠中是否有有效資料? 讀取序列埠資料 清空序列埠資料 序列埠印出訊息在同行 ◯ 序列埠印出訊息後換行 ◯	設定序列埠傳輸率，內定藍牙鮑率 9600bps 序列埠是否有資料 讀取序列埠資料 清空序列埠資料 序列埠印出訊息在同行 序列埠印出訊息後換行

延伸集 /IPOE G1 專用擴增積木

程式	群組 / 積木	說明
延伸集 /IPOE G1 專用擴增積木	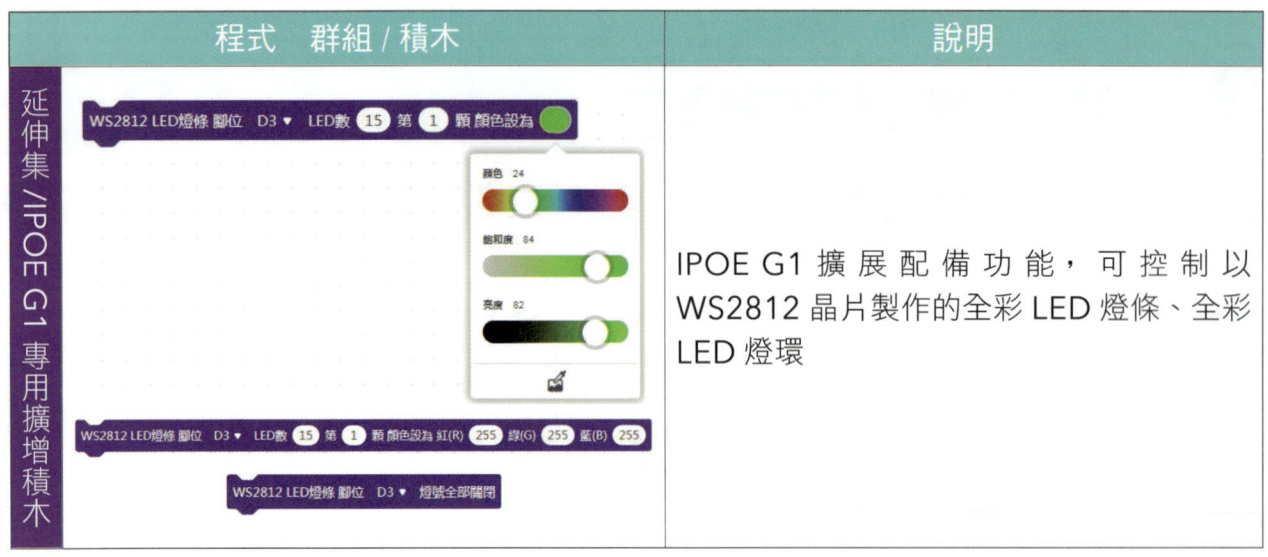	IPOE G1 擴展配備功能，可控制以 WS2812 晶片製作的全彩 LED 燈條、全彩 LED 燈環

　　IPOE G1 擴充積木是專為支援在 mBlock5 下使用的 motoduino U1 直流驅動控制板與 V3 感測擴展板所設計，未來將繼續開發更多相容感測模組的程式擴充積木。

Chapter 2 實力評量

選擇題

( ) 1. IPOE G1 所應用的圖控程式 mBlock5，是基於哪一種圖控程式來開發？
　　(A) Makecode　　(B) Blockly
　　(C) Scratch3　　(D) ROS。

( ) 2. mBlock5 使用上傳模式，開始執行程式的時候，應該使用下列哪一個積木？
　　(A) 當 Arduino Uno 啟動時
　　(B) 當 ▶ 被點一下
　　(C) 當收到廣播訊息 訊息1
　　(D) 當 空白鍵 鍵被按下。

( ) 3. 程式結構中「無限迴圈結構，重複執行……，直到條件不滿足時 break 跳出迴圈」，我們可以使用哪一個積木？
　　(A) 不停重複
　　(B) 等待直到
　　(C) 重複直到
　　(D) 如果 那麼。

( ) 4. 下列哪一個程式無法點亮 IPOE G1 互動擴展板上的綠光 LED？
　　(A) 慧手V3感測擴充板 設定LED 綠燈B(LED1) 狀態 開啟
　　(B) 慧手V3感測擴充板 設定RGB LED 綠燈A(LED1) 亮度(0~255) 255
　　(C) 設定 PWM 5 輸出為 0
　　(D) 設定數位腳位 5 輸出為 高電位。

( ) 5. 使用 mBlock5 上傳模式之後，再用即時模式連結 Arduino 時，要確認以下哪個步驟？
　　(A) 外接 Arduino 的外部電源
　　(B) 更新韌體
　　(C) 更換連接 COM
　　(D) 更換 USB 傳輸線。

Chapter 3

Arduino 控制學習—即時模式

本章節次

3-1 數位輸出

3-2 模擬類比輸出

3-3 數位輸入

3-4 類比輸入

3-5 伺服馬達與控制

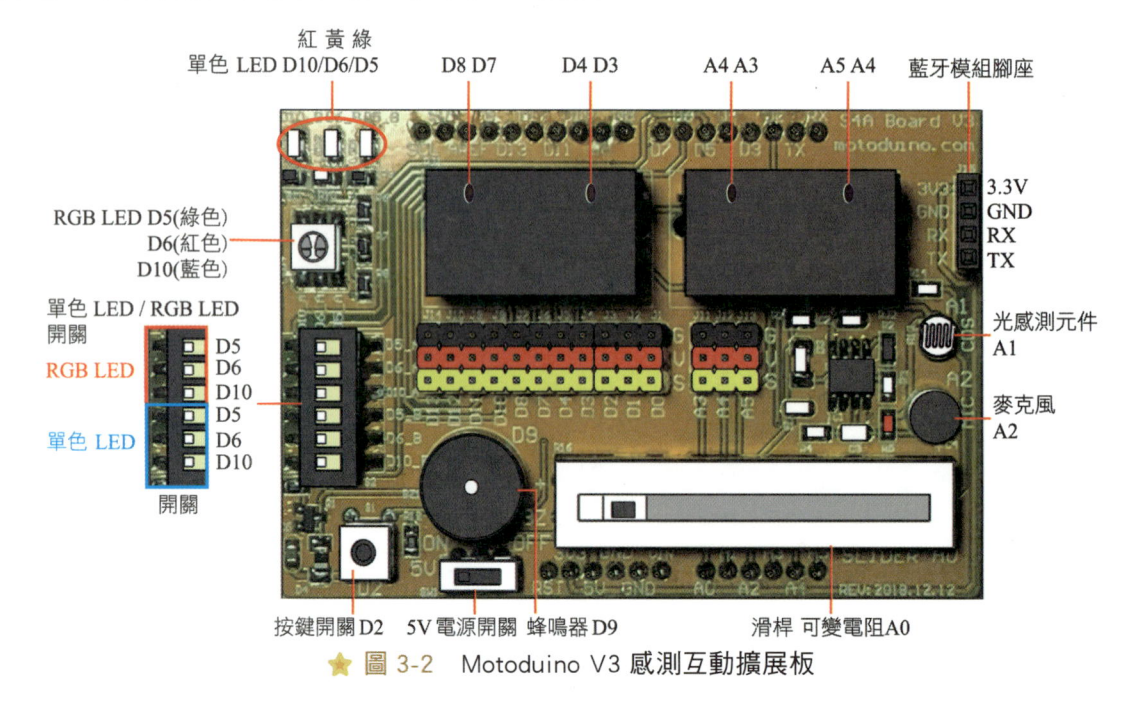

Arduino G1 積木機器人實作與 AI 應用

在本章，我們以 mBlock5 的即時模式，配合 IPOE G1 控制板模組，開始學習積木程式設計，控制感測擴展板 Sensor Board 上的元件，並且學習使用變數與廣播，與舞台上的角色互動。

請取出 IPOE G1 控制板模組，以短結合鍵組合大長框，並以 USB 傳輸線連接電腦的 USB 埠。

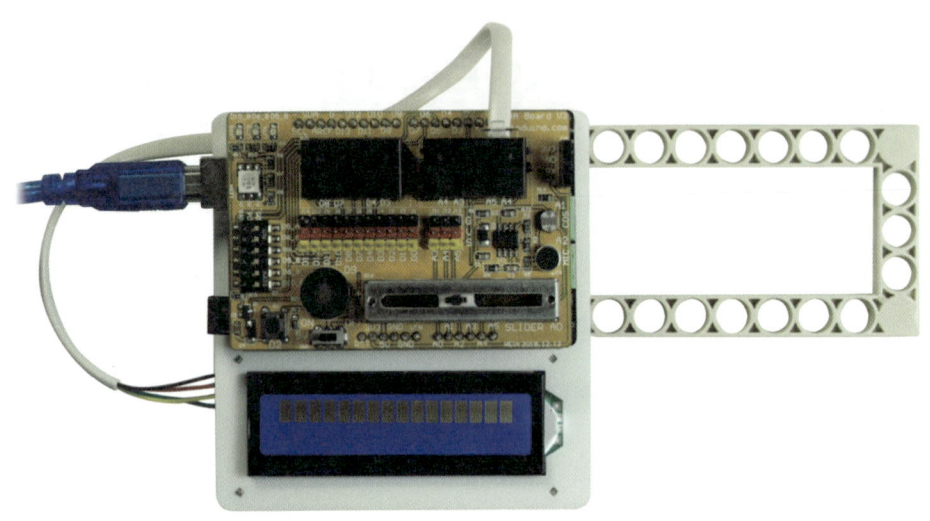

★ 圖 3-1　IPOE G1 控制板模組

IPOE G1 控制板模組是以 Arduino Uno 相容板搭配感測擴展板 Sensor Board，感測擴展板上已經外接了一些硬體元件，每一個元件都已經透過針腳，連結到 Arduino 相對應的腳位，我們要先了解這些元件的重要資訊，才能夠透過程式來控制這些不同功能的電子元件，如圖 3-2 說明：

★ 圖 3-2　Motoduino V3 感測互動擴展板

Arduino 控制學習—即時模式

圖控程式 mBlock5 操作步驟如下：

Step.1　執行 mBlock5，IPOE G1 控制板以 USB 傳輸線連接。

Step.2　模式開關點選 [即時] 模式，並按 [設定]→更新韌體，直到完成。

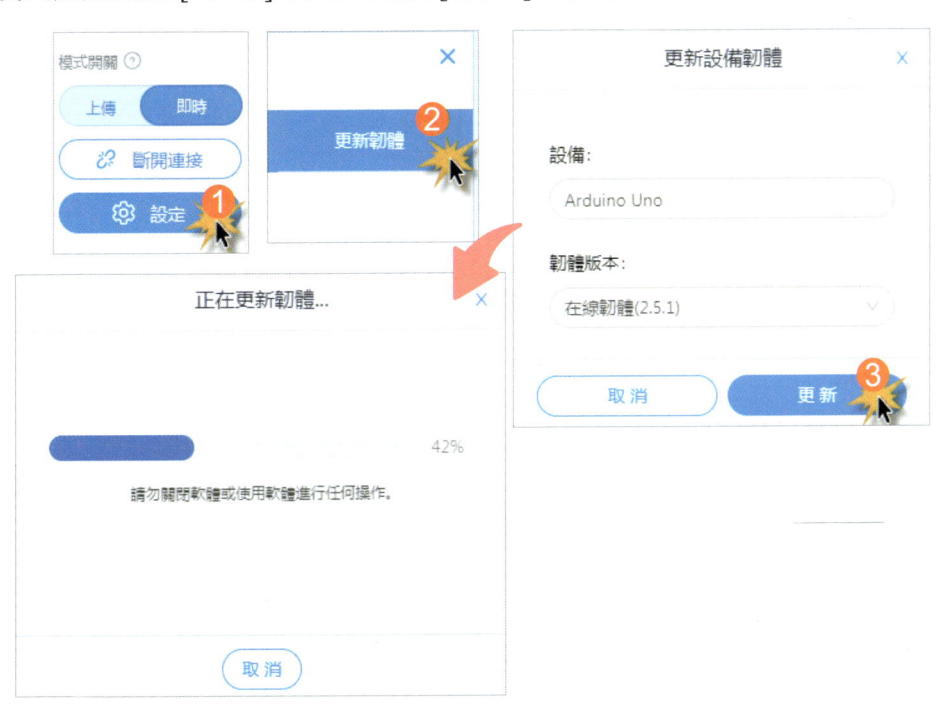

Step.3　重新連接硬體。

以下學習是以即時（連線）模式進行，並同步介紹 Arduino 的控制原理與周邊電子元件的使用，請一起來認識它。

3-1 數位輸出

利用程式控制 Arduino Uno 數位腳位的高電位與低電位，也就是訊號的 0/1，ON/OFF，稱為數位輸出控制（Digital Output）。

感測擴展板上連接 Arduino Uno 數位腳位 D5、D6、D10，同時布置了 3 顆單色 SMD 表面黏著 LED（D5/ 綠、D6/ 黃、D10/ 紅），以及一顆 RGB 全彩 LED（腳位 D5/ 綠、D6/ 紅、D10/ 藍）；由左邊的 6pin 指撥開關來切換，分別使用（也可以全開和全關）。

SMD LED 是以表面黏著技術直接布置在電路板上，與一般 LED 的特性一樣，屬於「輸出裝置」，只要控制腳位的高電位與低電位，即可以控制 SMD LED 的亮與滅。

範例 3-A　LED 閃爍

1. 功能簡介：請設計程式，讓綠色 LED 以每 2 秒閃爍一次。
2. 硬體準備：直接使用 IPOE G1 控制板模組。

    (1) 請執行 mBlock5，連接 USB 傳輸線，開啟即時模式，請確認已經更新韌體，並連線成功。

    (2) 將指撥開關全數撥到右邊 ON 位置。

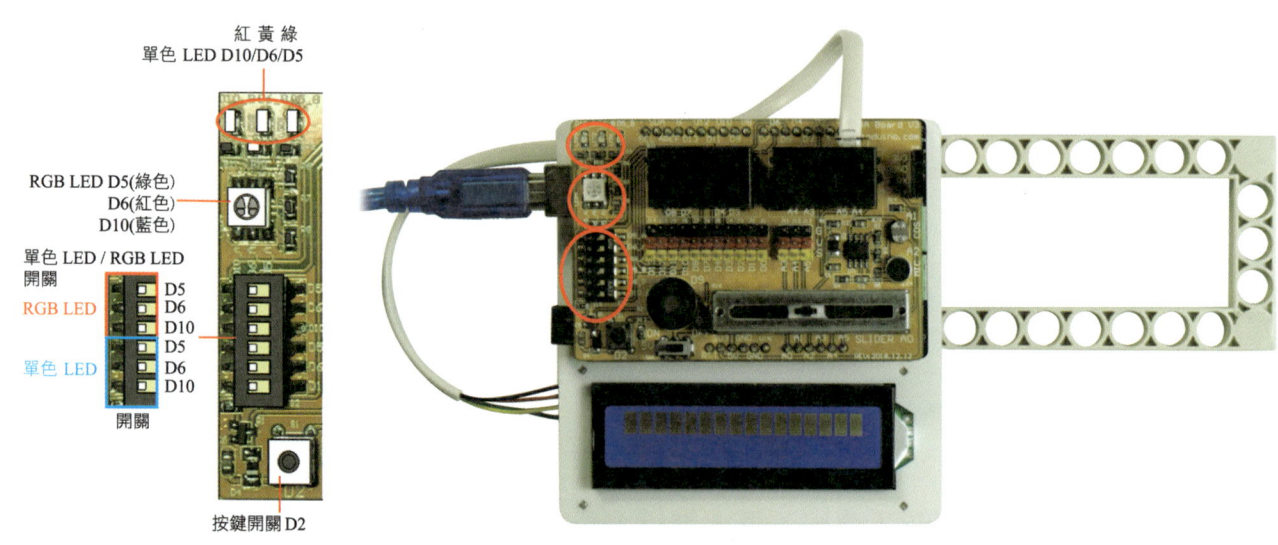

點選程式積木群組 [腳位]，你會發現很多積木變得晦暗，代表於即時模式時無法使用。能夠使用的只有數位 / 類比腳位的輸出與輸入，還有伺服馬達的控制。

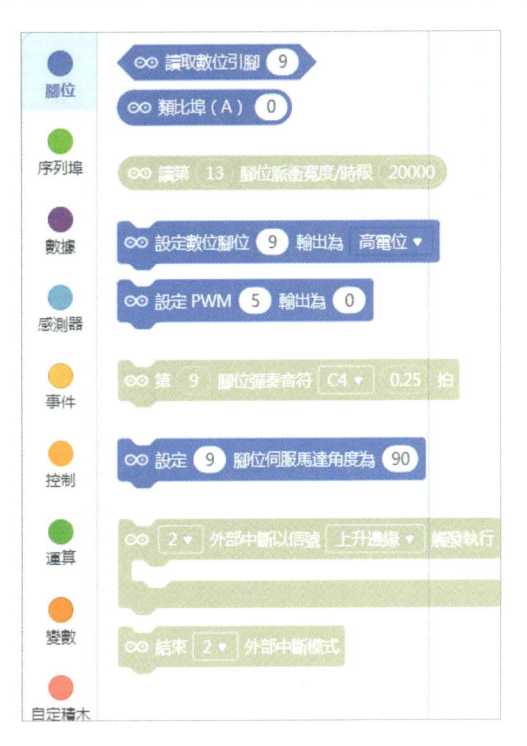

3. 程式 3-A LED 閃爍 .mblock

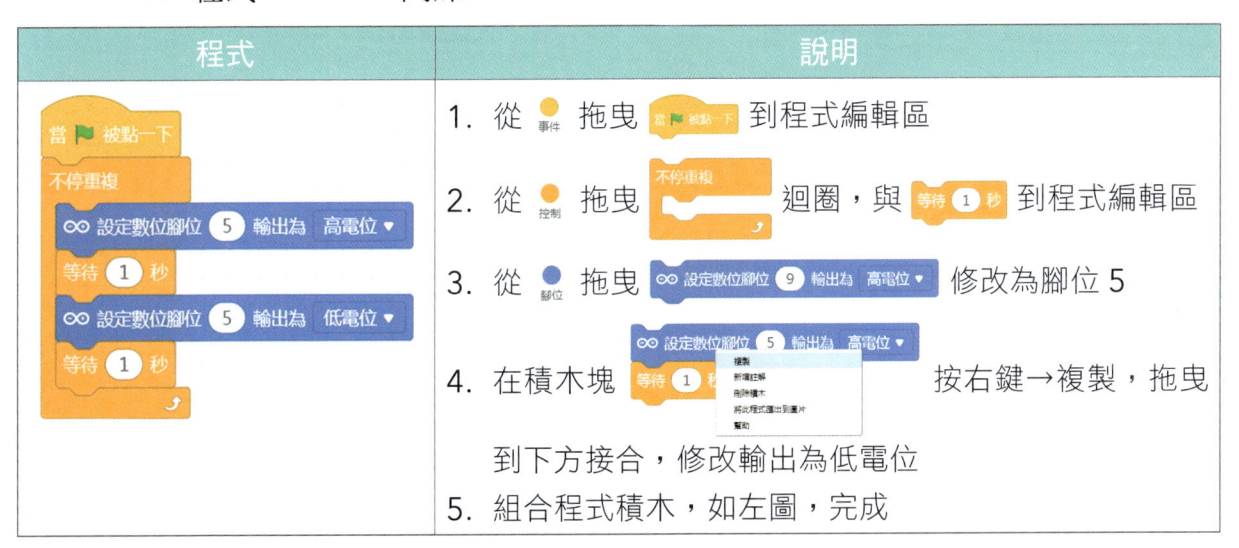

程式	說明
(程式積木圖)	1. 從 事件 拖曳 當綠旗被點一下 到程式編輯區 2. 從 控制 拖曳 不停重複 迴圈，與 等待 1 秒 到程式編輯區 3. 從 腳位 拖曳 設定數位腳位 9 輸出為 高電位 修改為腳位 5 4. 在積木塊 設定數位腳位 5 輸出為 高電位 按右鍵→複製，拖曳到下方接合，修改輸出為低電位 5. 組合程式積木，如左圖，完成

4. 執行結果：請按舞台區綠旗，會發現綠色 LED 與 RGB 全彩 LED 同時以 2 秒的頻率閃爍（1 秒亮，1 秒滅）。可以試著關閉第 1 個指撥開關，看到僅綠色 LED 閃爍。反之，關閉第 4 個指撥開關，開啟第 1 個指撥開關，則 RGB 全彩 LED 綠色閃爍。

MLC 創客實作練習

▌題目名稱：閃爍紅燈號

▌題目說明：

請自行設計程式，讓全彩的 RGB LED 紅色燈以 0.5 秒的頻率閃爍。

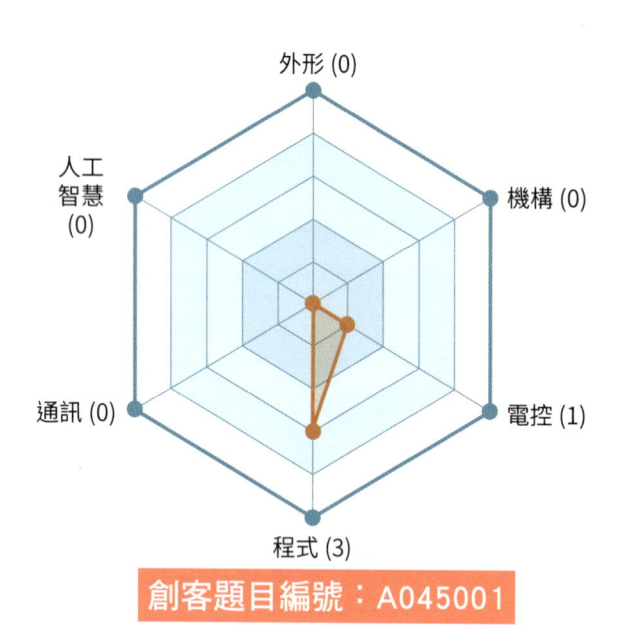

創客學習力

實作時間：20min	
創客指標	指數
外形 (專業)	0
機構	0
電控	1
程式	3
通訊	0
人工智慧	0
創客總數	4

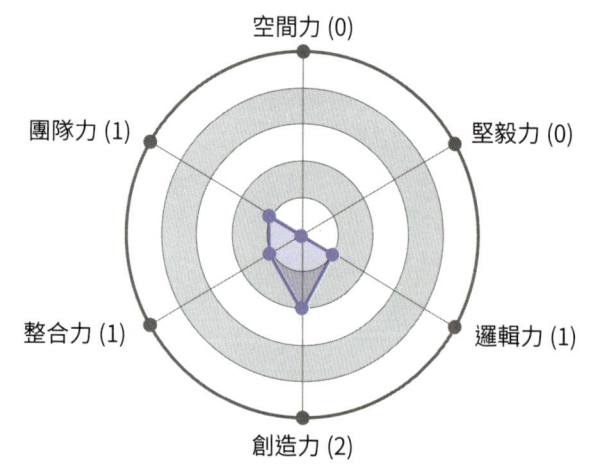

創客題目編號：A045001

創客素養力

空間力	堅毅力	邏輯力	創造力	整合力	團隊力	素養總數
0	0	1	2	1	1	5

範例 3-B　紅綠燈

1. 功能簡介：讓 Sensor Board 上的綠燈（D5）亮 10 秒，綠燈閃 3 次（間隔 0.4 秒），改換黃燈（D6）亮 2 秒後熄滅，紅燈（D10）亮 10 秒後熄滅，如此不停重複。

2. 硬體準備：同 3-A 使用 IPOE G1 控制板模組，指撥開關 1.2.3 關閉，使用單色 LED。

3. 程式 3-B 紅綠燈 .mblock

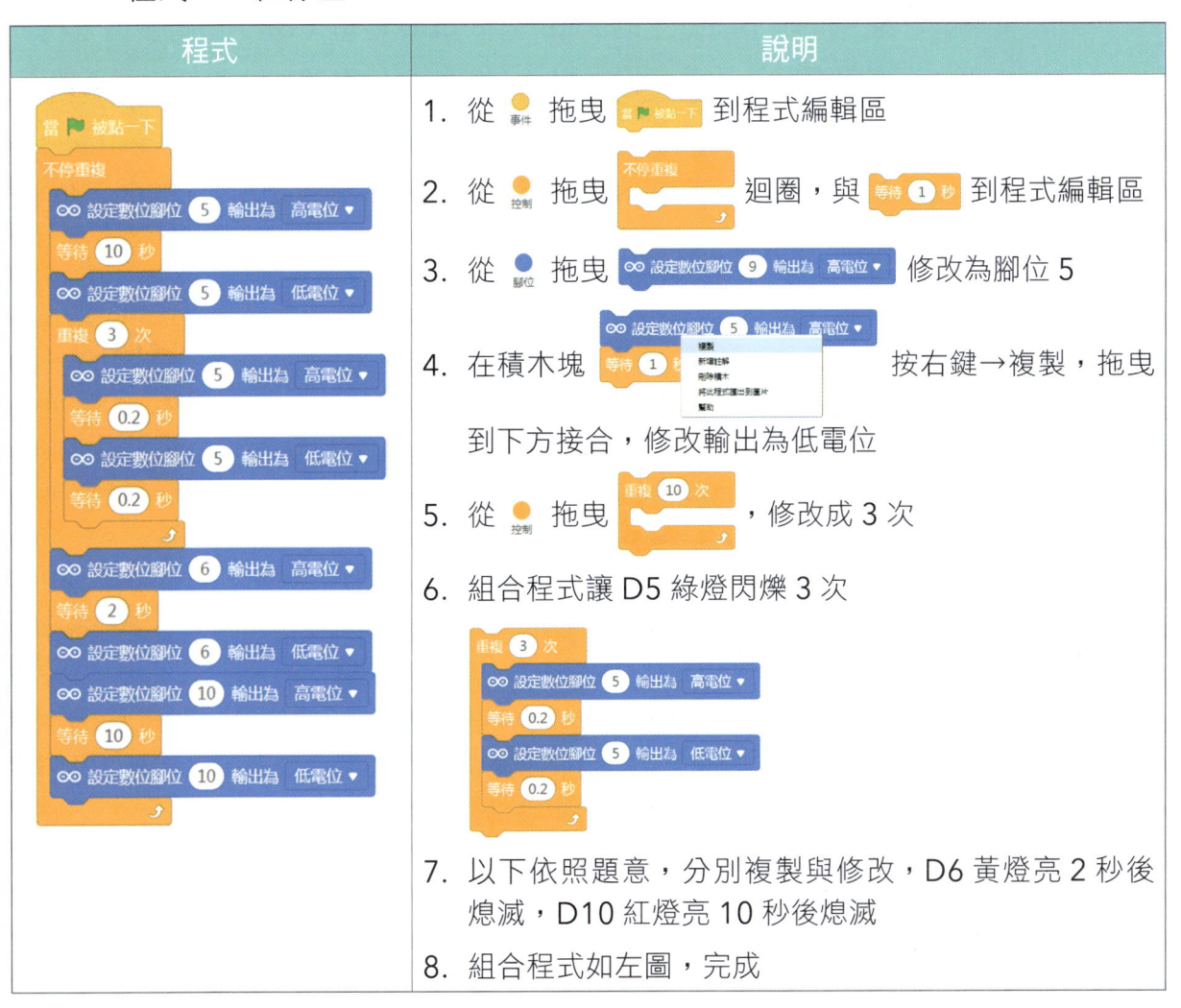

程式	說明
(程式積木圖)	1. 從 事件 拖曳 當綠旗被點一下 到程式編輯區 2. 從 控制 拖曳 不停重複 迴圈，與 等待 1 秒 到程式編輯區 3. 從 腳位 拖曳 設定數位腳位 9 輸出為 高電位 修改為腳位 5 4. 在積木塊 設定數位腳位 5 輸出為 高電位 按右鍵→複製，拖曳到下方接合，修改輸出為低電位 5. 從 控制 拖曳 重複 10 次，修改成 3 次 6. 組合程式讓 D5 綠燈閃爍 3 次 (積木圖：重複3次 設定數位腳位5輸出為高電位 等待0.2秒 設定數位腳位5輸出為低電位 等待0.2秒) 7. 以下依照題意，分別複製與修改，D6 黃燈亮 2 秒後熄滅，D10 紅燈亮 10 秒後熄滅 8. 組合程式如左圖，完成

4. 執行結果：請按舞台區綠旗，觀察到感測板上的單色 LED 如同紅綠燈一樣的運行著。

3-2 模擬類比輸出

在 Arduino Uno 數位輸入/輸出腳位裡的 D3、D5、D6、D9、D10、D11 共 6 個腳位，可以使用 0～255（2^8）數值做模擬類比輸出（PWM）的動作，這樣可以控制細微的亮度變化。

範例 3-C　呼吸燈

1. 功能簡介：讓 Sensor Board 上的 RGB 全彩 LED 紅燈（D6）由暗慢慢變亮，然後再由亮慢慢變暗，如此不停重複。本題將會新學習到：如何建立與使用變數。

2. 硬體準備：同 3-A 使用 IPOE G1 控制板模組，指撥開關 1.2.3 開啟，指撥開關 4.5.6 關閉，使用 RGB LED。

3. 程式 3-C 呼吸燈 .mblock

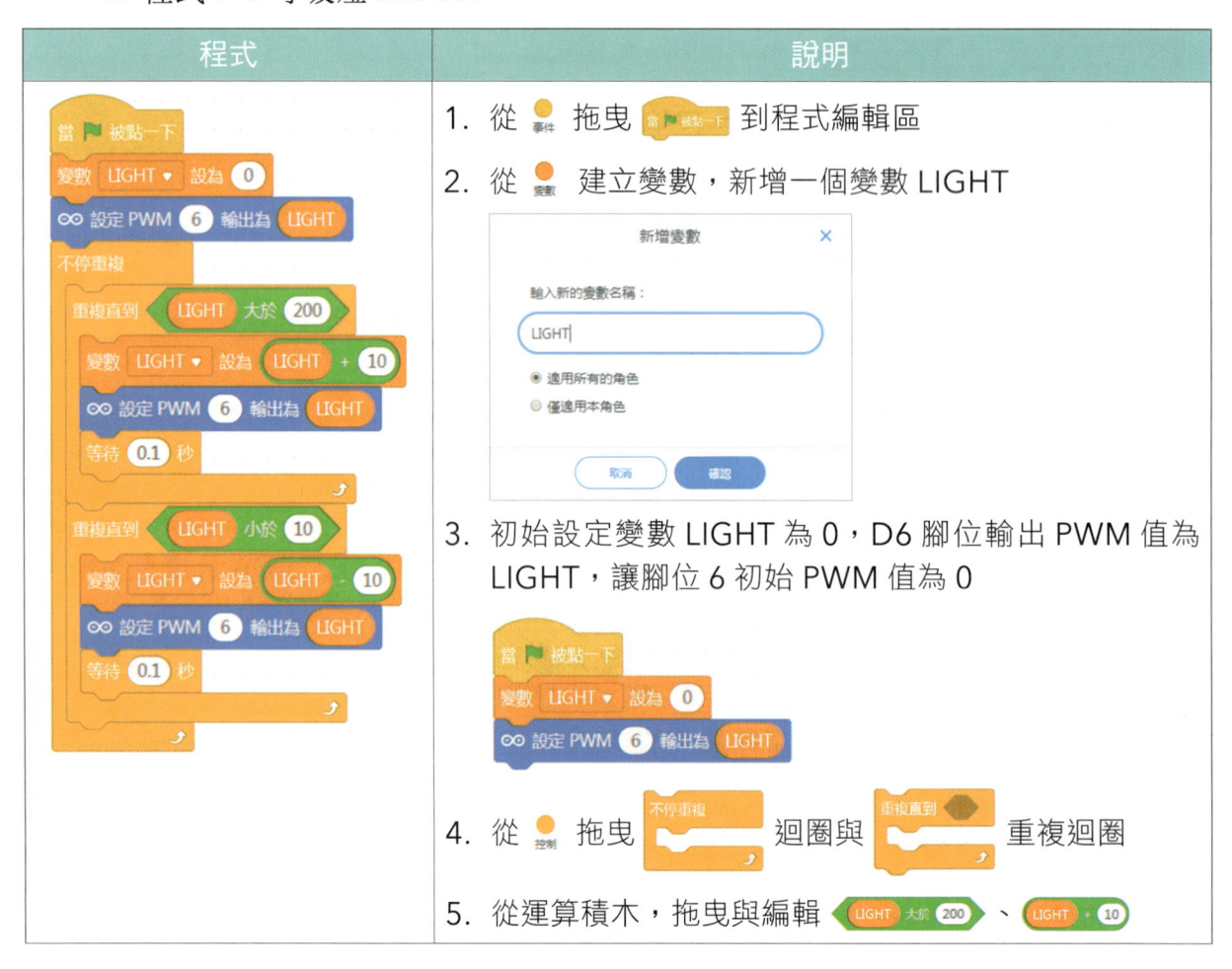

程式	說明
（程式積木圖）	1. 從 事件 拖曳 `當▶被點一下` 到程式編輯區 2. 從 變數 建立變數，新增一個變數 LIGHT （新增變數對話框圖） 3. 初始設定變數 LIGHT 為 0，D6 腳位輸出 PWM 值為 LIGHT，讓腳位 6 初始 PWM 值為 0 （程式積木圖） 4. 從 控制 拖曳 `不停重複` 迴圈與 `重複直到` 重複迴圈 5. 從運算積木，拖曳與編輯 `LIGHT 大於 200`、`LIGHT + 10`

程式	說明
	6. 重複迴圈直到條件 LIGHT 大於 200 才跳出，迴圈中變數 LIGHT=LIGHT+10，讓 D6 腳位的 PWM 值設為變數 LIGHT，等待 0.1 秒 7. 拖曳與編輯下一個重複迴圈直到條件 LIGHT 小於 10 才跳出，迴圈中變數 LIGHT=LIGHT-10，讓 D6 腳位的 PWM 值設為變數 LIGHT，等待 0.1 秒 8. 完整程式積木如左圖

4. 執行結果：請按舞台區綠旗，Sensor Board 上的 RGB LED 紅燈慢慢由暗到亮，然後慢慢由亮到暗，重複運行著。

3-3 數位輸入

所謂數位輸入，是指輸入的訊號是數位型態，也就是 0/1、ON/OFF。在 Sensor Board 上的 D2 腳位，布置了一個按鈕開關，當按下開關，會偵測到 D2 = 1，放開開關會偵測到 D2 = 0；藉著偵測按鈕開關是否被按下，就可以設計程式控制其他元件，例如 LED 的亮與滅。

範例 3-D　按鈕開關燈

1. 功能簡介：初始什麼都不做；當按鈕按下，讓 Sensor Board 上的 RGB 全彩 LED 紅燈（D6）亮，再按一下，RGB 全彩 LED 紅燈（D6）滅，如此不停重複。
2. 硬體準備：同 3-A 使用 IPOE G1 控制板模組，指撥開關 1.2.3 開啟，指撥開關 4.5.6 關閉，使用 RGB LED。
3. 程式 3-D 按鈕開關燈 .mblock

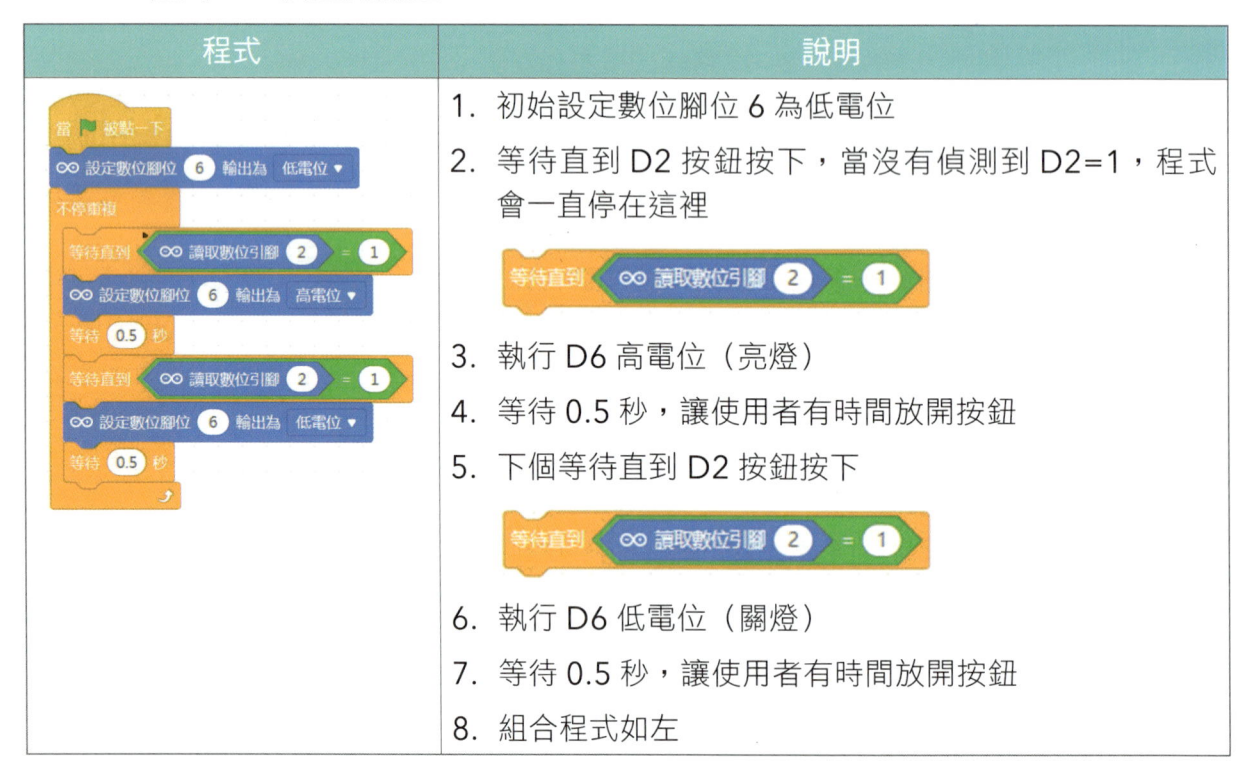

程式	說明
（程式積木圖）	1. 初始設定數位腳位 6 為低電位 2. 等待直到 D2 按鈕按下，當沒有偵測到 D2=1，程式會一直停在這裡 （等待直到 讀取數位引腳 2 = 1 積木圖） 3. 執行 D6 高電位（亮燈） 4. 等待 0.5 秒，讓使用者有時間放開按鈕 5. 下個等待直到 D2 按鈕按下 （等待直到 讀取數位引腳 2 = 1 積木圖） 6. 執行 D6 低電位（關燈） 7. 等待 0.5 秒，讓使用者有時間放開按鈕 8. 組合程式如左

4. 執行結果：請按舞台區綠旗，當按鈕 D2 按下，讓 Sensor Board 上的 RGB 全彩 LED 紅燈（D6）亮，再按一下，RGB 全彩 LED 紅燈（D6）滅，如此不停重複。

這個程式寫法有一個缺點：如果按鈕一直不放時，RGB LED 會以 0.5 秒間隔一明一暗閃爍著。下一個範例我們會學習以更周全的程式設計，來確保程式能正確地執行。

範例 3-E 單按鈕確動開關燈

1. 程式 3-E 單按鈕確動開關燈 .mblock

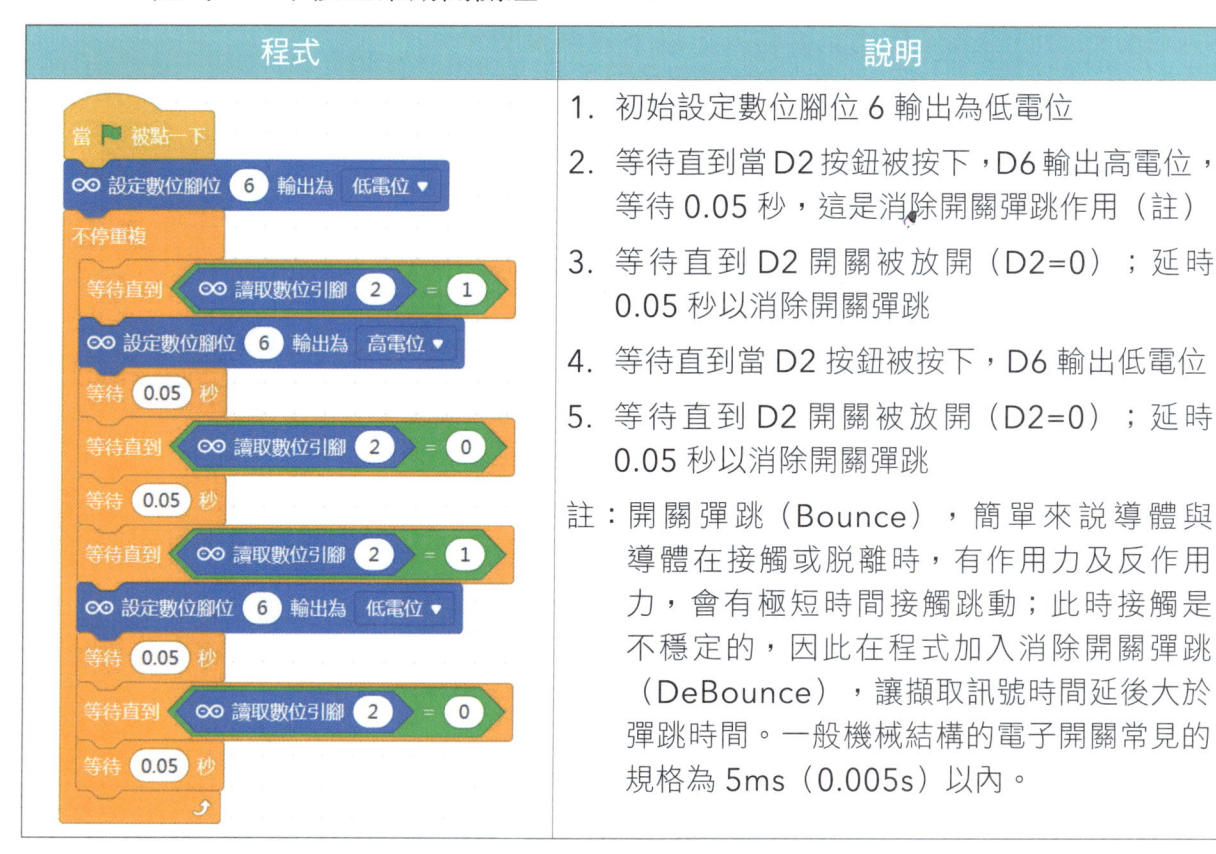

程式	說明
（程式積木圖）	1. 初始設定數位腳位 6 輸出為低電位 2. 等待直到當 D2 按鈕被按下，D6 輸出高電位，等待 0.05 秒，這是消除開關彈跳作用（註） 3. 等待直到 D2 開關被放開（D2=0）；延時 0.05 秒以消除開關彈跳 4. 等待直到當 D2 按鈕被按下，D6 輸出低電位 5. 等待直到 D2 開關被放開（D2=0）；延時 0.05 秒以消除開關彈跳 註：開關彈跳（Bounce），簡單來說導體與導體在接觸或脫離時，有作用力及反作用力，會有極短時間接觸跳動；此時接觸是不穩定的，因此在程式加入消除開關彈跳（DeBounce），讓擷取訊號時間延後大於彈跳時間。一般機械結構的電子開關常見的規格為 5ms（0.005s）以內。

2. 執行結果：請按舞台區綠旗，當 Sensor Board 上的按鈕 D2 按下，讓 RGB 全彩 LED 紅燈（D6）亮，再按一下，RGB 全彩 LED 紅燈（D6）滅。與程式 3-D 的差異在於，按下按鈕後增加要等待放開按鈕（D2 = 0）才完成一個循環，並且利用等待 0.05 秒來消除開關彈跳，可以準確地控制。

3-4 類比輸入

在我們環境中可以偵測到的訊號大部分是類比訊號（Analog），例如溫度、溼度的變化，聲音的大小等等，它是一種連續性的變化值；由於我們的系統是以數位訊號處理，因此必須要轉換類比訊號成為數位訊號 A/D（Analog to Digital），在 Arduino 板的 A0～A5 六個腳位用來做類比感測輸入。它可以測量 0～5V 的電壓變化並轉換成 0～1023 的數值；為 Arduino 板設計的類比感測器均依此做設計。

除了在數位輸入開關所列舉的按鈕、磁簧、微動、滾珠開關等感測器以外，絕大部分的感測器都是類比訊號輸入，以下列表說明。

★ 表 3-1　常用的感測器

感測器類型	訊號類型	感測器	電氣性態類型
數位型感測器	位移、壓按	按鈕開關	ON/OFF
	位移、壓按	微動開關	ON/OFF
	磁力	磁簧開關	ON/OFF
	傾斜、角度	滾珠開關 水銀開關	ON/OFF
類比型感測器	光線亮度	光電感測器 CdS 光敏電阻	電阻變化
	手動	VR 可變電阻	電阻變化
	磁場	霍爾感測器	電壓變化
	壓力	壓力感測器	電阻變化
	加速度	加速度計	電壓變化
	距離	超音波、紅外線	電壓變化
	溫度	熱敏電阻	電阻變化
	溫溼度	DHT11 DHT22	電阻變化、數位 IC

在感測擴展板 Sensor Board 上，布置了三個類比訊號感測器，分別是滑桿式可變電阻（A0）、光感測器（A1）、聲音感測器（A2），如圖 3-3 紅圈處。以下的練習範例，練習應用 mBlock5 的連線模式，偵測外部感測器的訊號，並與舞台區的角色互動。設備 Arduino Uno 控制板與舞台區的角色、程式積木是分別設計的；在即時模式透過 [變數] 及 [廣播] 二種方式，來連結設備與角色互動。

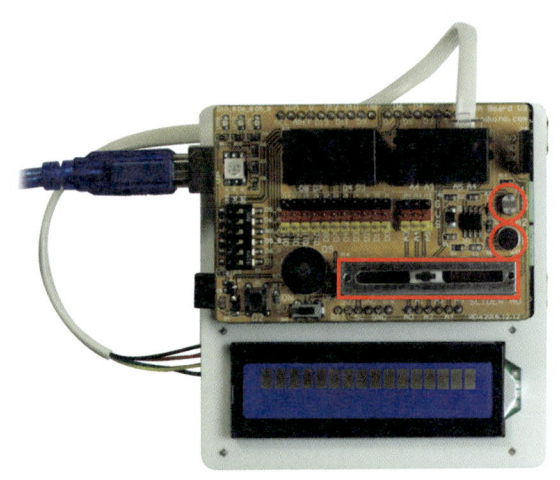

★ 圖 3-3　IPOE G1 控制板上的 3 個類比訊號感測器

一　滑桿式可變電阻（A0）

範例 3-F　讀取可變電阻值

1. 功能簡介：讀取感測板上的 A0 可變電阻值，並顯示在舞台區上。
2. 硬體準備：同 3-A 使用 IPOE G1 控制板模組。
3. 程式 3-F 讀取可變電阻值 .mblock

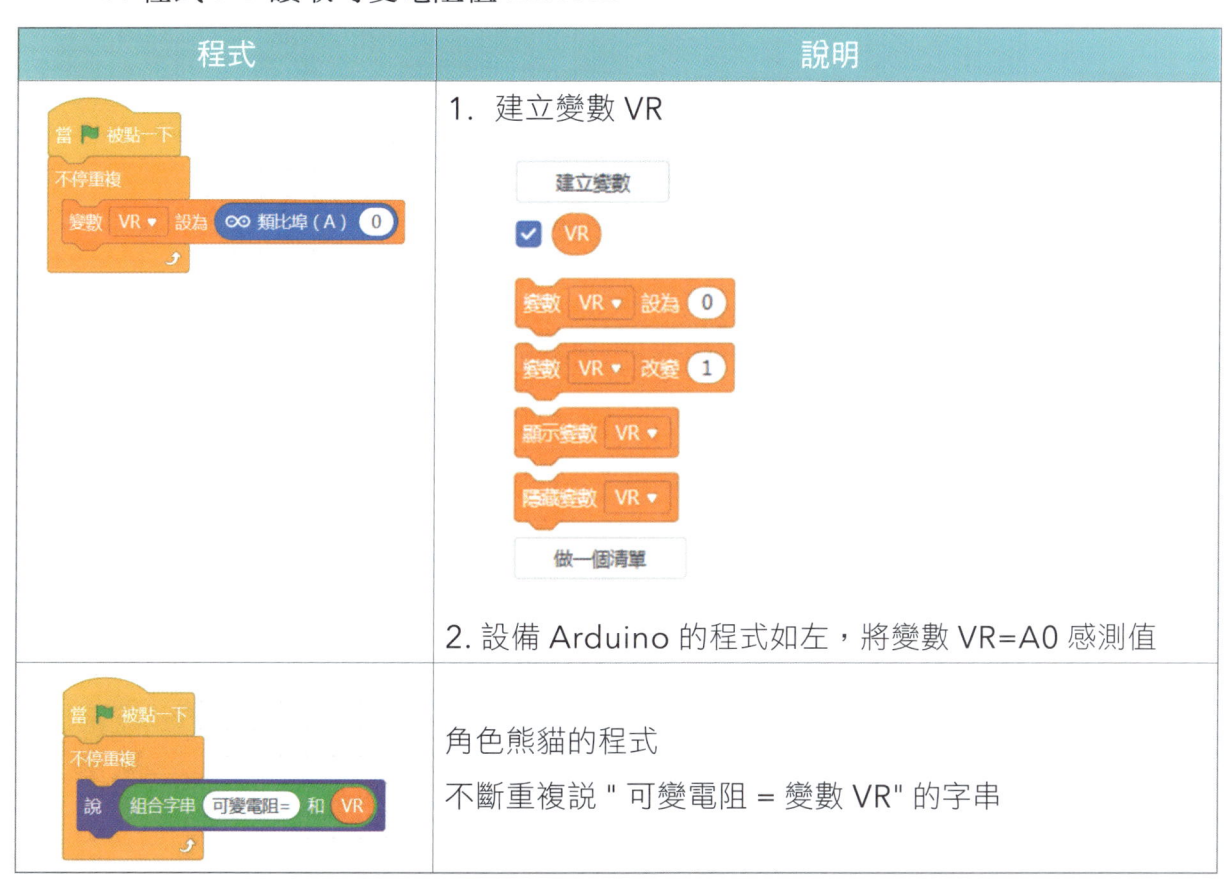

程式	說明
（程式積木：當▶被點一下／不停重複／變數 VR 設為 類比埠(A) 0）	1. 建立變數 VR （建立變數／☑ VR／變數 VR 設為 0／變數 VR 改變 1／顯示變數 VR／隱藏變數 VR／做一個清單） 2. 設備 Arduino 的程式如左，將變數 VR=A0 感測值
（程式積木：當▶被點一下／不停重複／說 組合字串 可變電阻= 和 VR）	角色熊貓的程式 不斷重複說 " 可變電阻 = 變數 VR" 的字串

45

4. 執行結果：按綠旗執行，拖拉可變電阻模組的時候，螢幕上的熊貓不斷說出感測數據，就可以觀察到顯示的值介於 0～1023 之間。

二 光感測器（A1）

光感測器（CdS）是一種因為光的強弱而改變電阻值的一種可變電阻，光線越強電阻值越小，當光線變暗，電阻值變大。光感測器模組利用分壓電路來取得感應光線變化值。

範例 3-G　光感測器控制互動

1. 功能簡介：讀取光感測器，並控制 LED 燈的點亮與背景情境。
2. 硬體準備：同 3-A 使用 IPOE 控制板模組，LED 指撥開關開啟 4.5.6。
3. 程式 3-G 光感測控制互動 .mblock

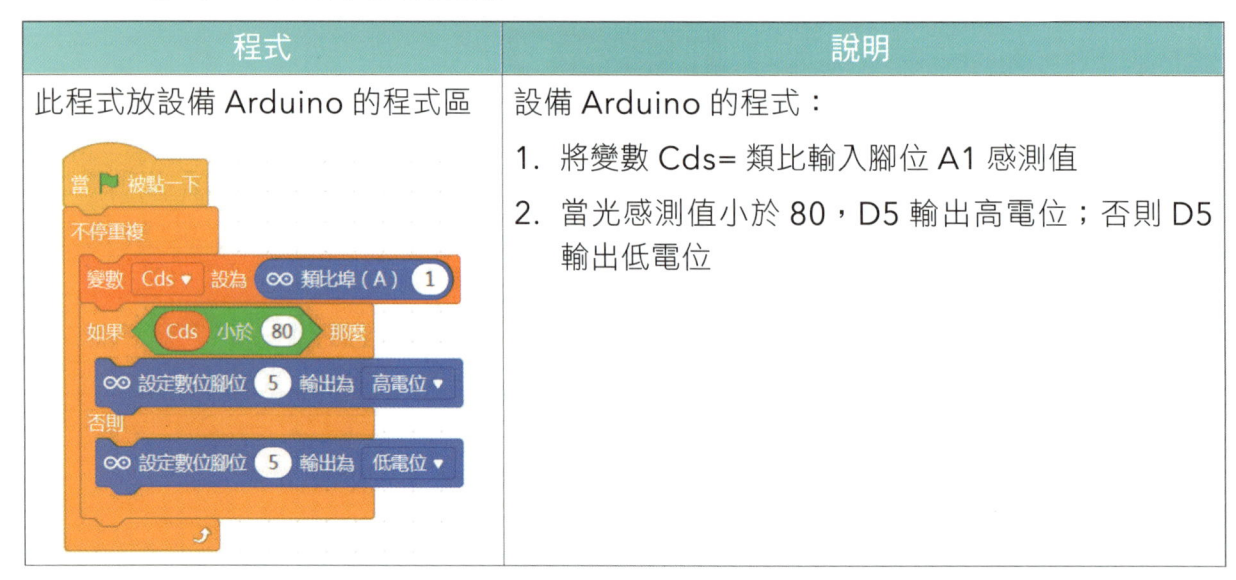

程式	說明
此程式放設備 Arduino 的程式區	設備 Arduino 的程式： 1. 將變數 Cds= 類比輸入腳位 A1 感測值 2. 當光感測值小於 80，D5 輸出高電位；否則 D5 輸出低電位

程式	說明
此程式放背景的程式區	設計舞台區背景： 請從背景→編輯造型→新增背景，在圖庫中挑選一張室內情境的背景 背景的程式： 當光感測值小於 80，將背景明度設為 –50，否則背景明度設為 10
此程式放角色的程式區	編輯角色： 1. 請從角色→編輯造型→新增造型，在圖庫中挑選一個類似檯燈的角色 2. 複製與畫筆編輯角色，成為點亮燈的造型 角色的程式： 當光感測值小於 80，將造型切換為亮燈造型，否則將造型切換為初始造型

4. 執行結果：按綠旗執行，用手或紙張遮住光感測器，當舞台區左上角的讀數 <80，則感測板上的綠色 LED 立即點亮，背景變暗與角色檯燈點亮；未遮住時恢復初始狀態。

三 聲音感測器（A2）

聲音感測器，又稱為麥克風，可以測量外界音量的大小，透過聲音音量變化，例如拍手，來控制 Arduino 的輸出裝置。

範例 3-H 拍手開關燈

1. 功能簡介：當拍手音量大於 100，讓 Sensor Board 上的 RGB 全彩 LED 綠燈（D5）亮，再一次拍手音量大於 100，RGB 全彩 LED 綠燈（D5）滅，如此不停重複。
2. 硬體準備：同 3-A 使用 IPOE G1 控制板模組。
3. 程式 3-H 拍手開關燈 .mblock

   說明：聲音感測器（A2）的感測值也是類比訊號，在即時模式我們可以透過程式 ，預先讀取自己習慣的拍手音量值，再減去 50 左右作為臨界值寫入程式中。我們直接修改範例 3-G，這次練習用即時 [廣播] 方式來做設備與舞台區角色互動。

程式	說明
	設備 Arduino 的程式如左 1. 將變數 Loud= 類比輸入腳位 A2 感測值 2. 初始 LED D5 為低電位，熄滅狀態 3. 當 A2 感測值未大於 100，顯示 A2 值於變數 Loud，重複等待 4. 重複迴圈直到 A2 感測值大於 100，D5 輸出高電位，發出廣播 "open" 5. 等待 0.2 秒，以消除雜訊 6. 當 A2 感測值未大於 100，顯示 A2 值於變數 Loud，重複等待 7. 重複迴圈直到 A2 感測值大於 100，D5 輸出低電位，發出廣播 "close" 8. 等待 0.2 秒，以消除雜訊

程式	說明
此程式放背景的程式區	背景程式 1. 初始背景明度設為 -60 2. 收到廣播 "close"，明度設為 -60 3. 收到廣播 "open"，明度設為 0
此程式放角色的程式區	檯燈角色程式 1. 檯燈角色初始狀態 2. 收到廣播 "close"，關燈的造型 3. 收到廣播 "open"，亮燈的造型

4. 執行結果：按綠旗執行，拍手的時候，感測板上的綠色 LED 立即點亮，背景變暗與角色檯燈點亮；再一次拍手，恢復初始狀態。

3-5 伺服馬達與控制

伺服馬達又稱為伺服機（RC servo），或稱為舵機。依照動作方式分為定位型（0-180 度）以及 360 度連續旋轉伺服馬達。兩者都是利用脈寬調變（PWM）來控制轉動角度或轉速。

IPOE G1 配備一顆定位型伺服馬達，請將伺服馬達的訊號線，正確地插在感測擴展板中間 D7 的 GVS 針腳（褐色→黑 G，紅色→紅 V，黃色→黃 S）。

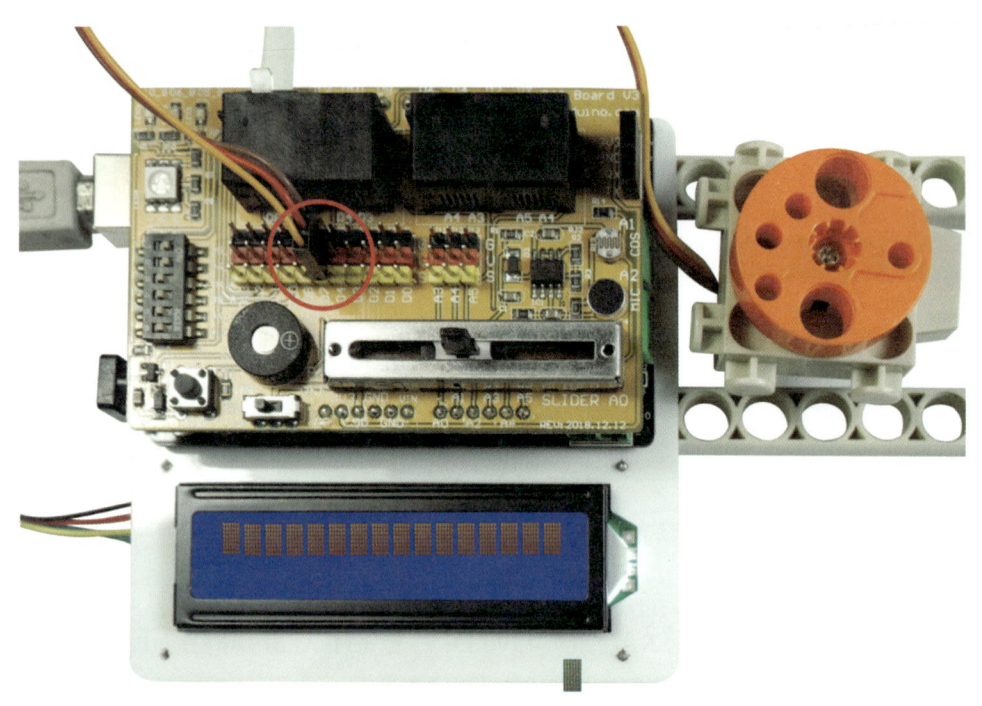

★ 圖 3-4　IPOE G1 上配備一顆定位型伺服馬達

範例 3-1 可變電阻 VR 控制定位型伺服馬達

1. 功能簡介：使用手動調整可變電阻 VR（A0）的值，用來控制伺服馬達；由於 A0 的輸入值範圍 0 ～ 1023，而輸出控制定位型伺服馬達角度值為 0 ～ 180。我們使用一個映射 map（ ）指令來達成。

2. 硬體準備：同 3-A 使用 IPOE G1 控制板模組，將角度伺服馬達，訊號線插在 D7。

3. 程式 3-1 VR 可變電阻控制伺服馬達 .mblock

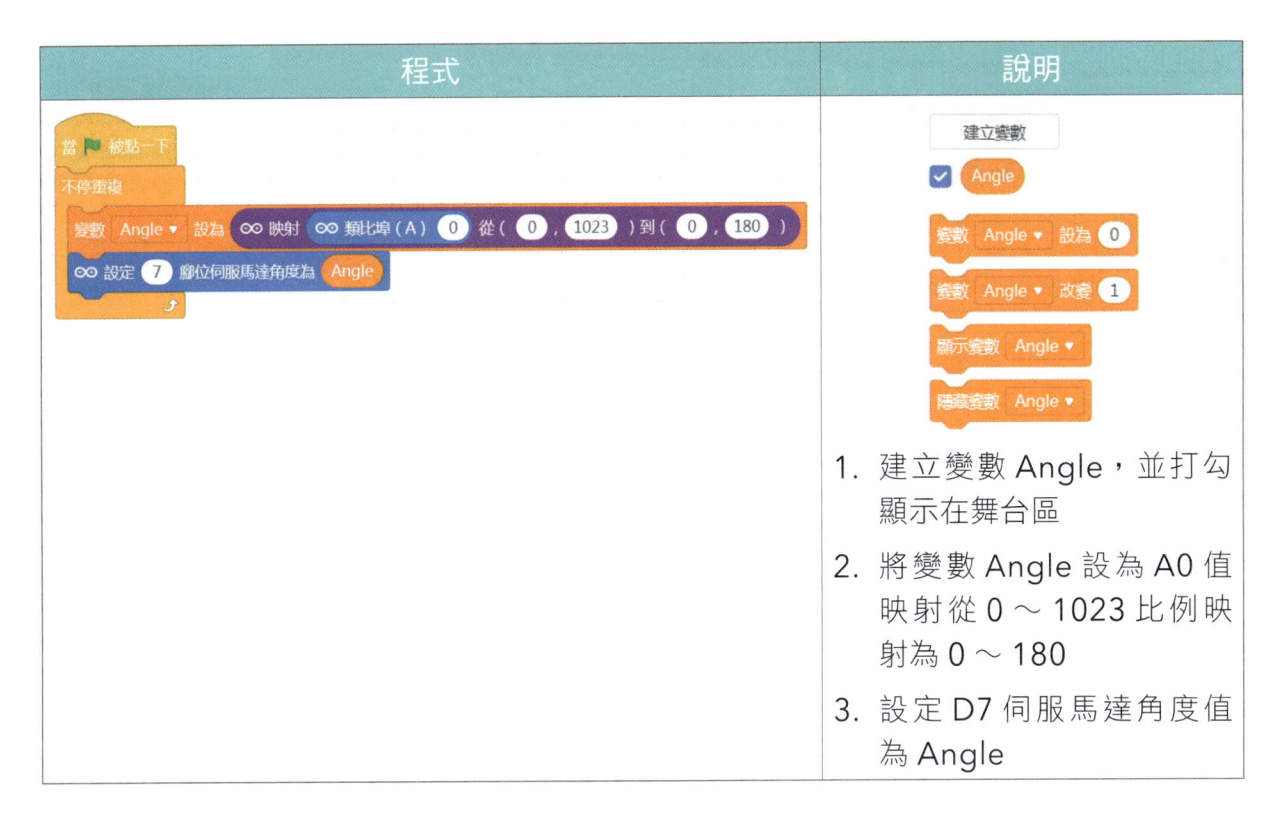

程式	說明
當 ▶ 被點一下 不停重複 　變數 Angle ▼ 設為 ∞映射 ∞類比埠（A） 0 從（ 0 , 1023 ）到（ 0 , 180 ） 　∞ 設定 7 腳位伺服馬達角度為 Angle	建立變數 ☑ Angle 變數 Angle ▼ 設為 0 變數 Angle ▼ 改變 1 顯示變數 Angle ▼ 隱藏變數 Angle ▼ 1. 建立變數 Angle，並打勾顯示在舞台區 2. 將變數 Angle 設為 A0 值映射從 0～1023 比例映射為 0～180 3. 設定 D7 伺服馬達角度值為 Angle

當拖曳滑桿式可變電阻（0～1023），可觀察到伺服馬達隨著轉動角度，並且在舞台區顯示目前伺服馬達的角度值（0～180）。

mBlock5 即時模式與 Arduino 設備，僅提供數位與類比腳位的輸出與輸入功能。Arduino 設備與舞台角色使用 [變數] 和 [廣播] 方式達成互動，在本章都已經練習過。讀者可以充分應用感測板上的輸入元件，以及 LED、RGB 全彩 LED，伺服馬達等，創作自己精采的 mBlock5 螢幕與 Arduino 的互動程式作品。

★ 圖 3-5　伺服馬達的角度值（0～180）

mBlock5 與 Arduino 設備，在即時模式使用 [變數] 和 [廣播] 方式達成互動，因為使用固定的韌體做通訊連接，除了數位 / 類比腳位的輸出 / 輸入，功能較為受限。mBlock5 另外有 [上傳模式廣播] 的延伸積木功能，能充分使用支援的感測器積木程式，互動功能十分強大！本書將在第 8 章特別加以介紹。

Arduino G1 積木機器人實作與 AI 應用

MLC 創客實作練習

▌題目名稱：停車場柵欄

▌題目說明：

請參考範例 3-I 可變電阻 VR 控制定位型伺服馬達，利用積木設計一個停車場柵欄模型與程式，並用可變電阻 A0 來控制它（註：柵欄角度變化以 90 度為限）。

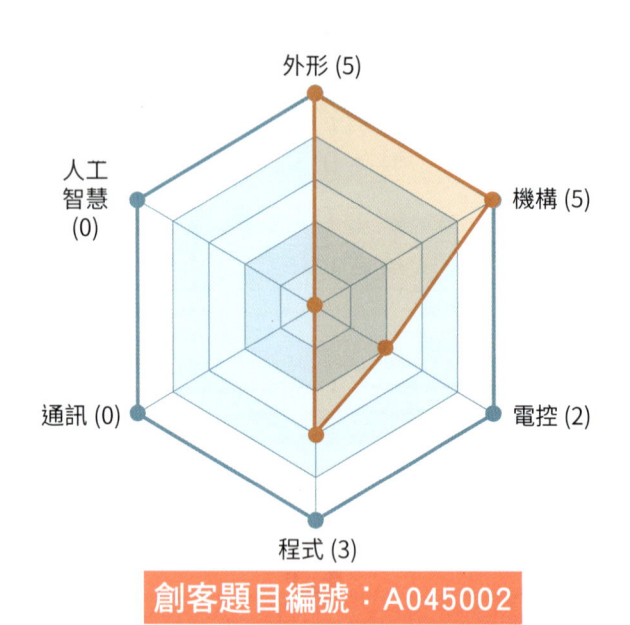

創客題目編號：A045002

創客學習力

實作時間：30min	
創客指標	指數
外形（專業）	5
機構	5
電控	2
程式	3
通訊	0
人工智慧	0
創客總數	15

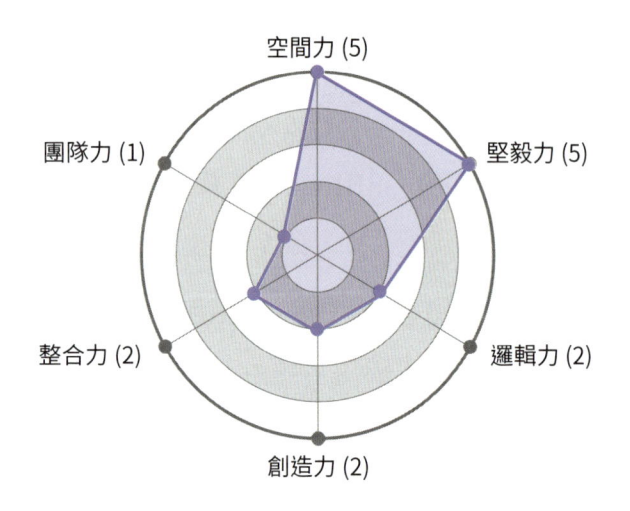

創客素養力

空間力	堅毅力	邏輯力	創造力	整合力	團隊力	素養總數
5	5	2	2	2	1	17

Chapter 3 實力評量

◀選擇題▶

( ) 1. 感測板上的可變電阻 VR，拖曳時其數值的範圍為何？
(A) 1～1024　(B) 0～1023　(C) 1～256　(D) 0～255。

( ) 2. Arduino Uno 的模擬類比輸出腳位，可以使用數值變化模擬類比的輸出，數值的可變化範圍為何？
(A) 1～1024　(B) 0～1023　(C) 1～256　(D) 0～255。

( ) 3. mBlock5 在即時模式 Arduino 設備與舞台角色可以透過下列哪種方式互動？
(A) 變數　(B) 映射　(C) 上傳燒錄　(D) 外觀。

( ) 4. Arduino Uno 的類比輸入是測量電壓的變化去轉換成數值，其電壓範圍為何？
(A) 0～5V　(B) 0～12V　(C) 1～5V　(D) 1～12V。

( ) 5. 感測板上有 3 個類比輸入的腳位已經布置了感測元件，請問 A2 上內建的元件為何？
(A) 可變電阻　(B) 光感測元件　(C) 麥克風　(D) 加速度計。

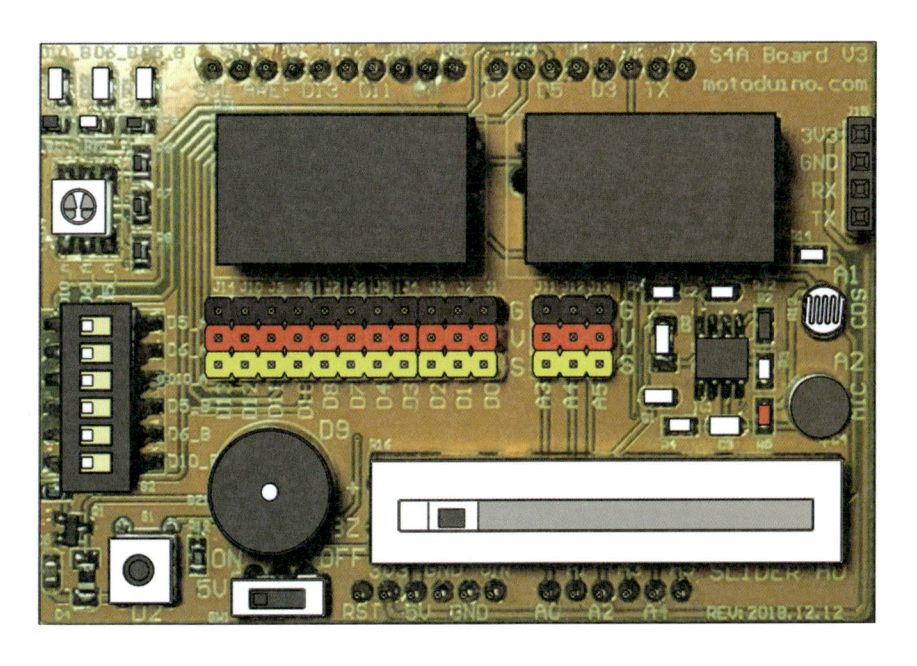

Chapter 4

Arduino 控制學習—上傳模式

本章節次

4-1　數位輸出

4-2　模擬類比輸出

4-3　數位輸入

4-4　液晶顯示器

4-5　蜂鳴器與音樂

4-6　伺服馬達與控制

4-7　超音波感測器應用

4-8　溫溼度感測器

4-9　直流馬達與控制

Arduino G1 積木機器人實作與 AI 應用

　　在本章，我們將以 mBlock5 的上傳模式，配合 IPOE G1 控制板模組，開始學習積木程式設計，控制感測擴展板 Sensor Board 上的元件，以及更多的周邊擴充模組。為了方便學習，本章採用專用的程式積木延伸集：請在積木區按 [+ 延伸集]，輸入關鍵字：IPOE，添加 Motoduino_IPOE-G1 專用程式積木。

⭐ 圖 4-1　添加 Motoduino_IPOE-G1 專用程式積木圖示

　　添加完成後，您會看到程式積木區多了 IPOE G1 專用擴增積木。

⭐ 圖 4-2　IPOE G1 專用擴增積木

Arduino 控制學習—上傳模式　**4**

　　硬體設備與第 3 章相同，請取出 IPOE G1 控制板模組，如下圖，並以 USB 傳輸線連接電腦的 USB 埠。

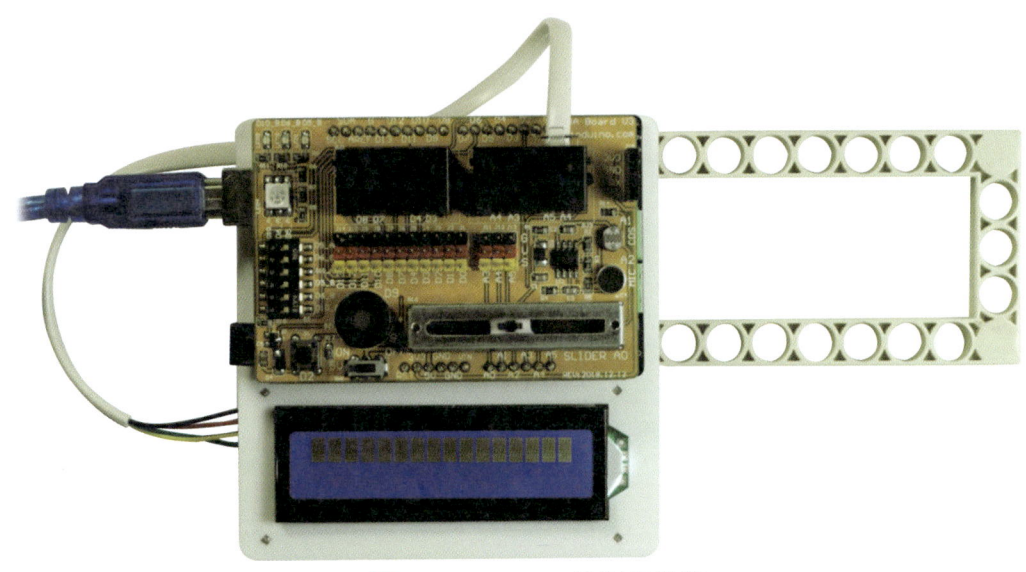

★ 圖 4-3　IPOE G1 控制板模組

　　在上傳模式下需要將程式上傳到設備，上傳成功後將切斷設備與 mBlock5 的連接，程式依然能夠在設備內執行。

　　操作步驟如下：

Step.1 　執行 mBlock5，IPOE G1 控制板以 USB 傳輸線連接。

Step.2 　模式開關點選 [上傳] 模式。

Step.3 　以 mBlock5 設計程式，編輯完成後點選 [上傳]，觀察執行的情形。

Step.4 　當設計新的程式，或重新啟動 mBlock5 的時候，請重新執行連接。

4-1 數位輸出

以下 4-A 到 4-E 的範例，等於將第 3 章重新複習一遍，只是改以上傳模式執行；最大的不同在於使用 IPOE G1 專用積木，是直觀方式，並將感測擴展板 Sensor Board 上的元件名稱、腳位，直接設計成積木型態，更容易學習與操作，請讀者比較與練習看看。

範例 4-A　LED 閃爍

1. 功能簡介：請設計程式，讓綠色 LED 以每 1 秒閃爍一次。
2. 硬體準備：

    (1) 直接使用 IPOE G1 控制板模組，請執行 mBlock5，連接 USB 傳輸線，開啟上傳模式，並連線成功。

    (2) 將指撥開關全數撥到右邊 ON 位置。

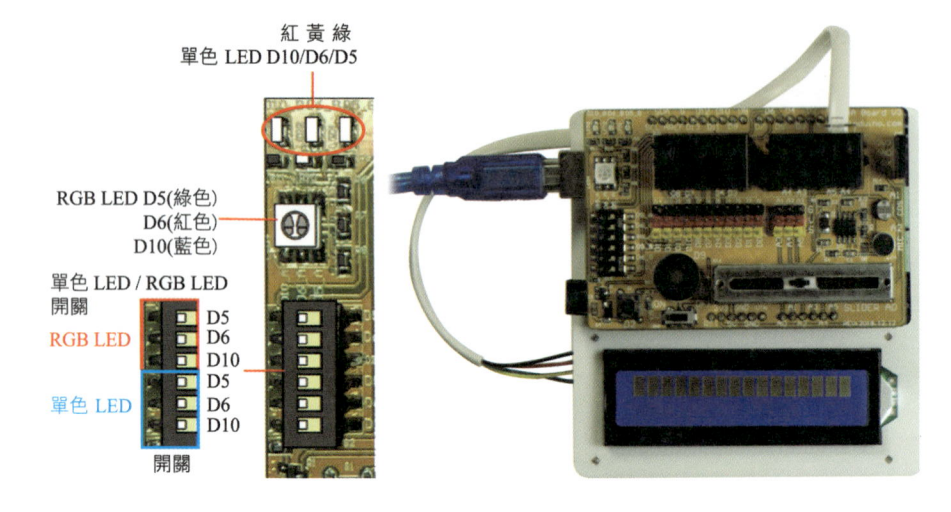

Arduino 控制學習—上傳模式 **4**

3. 程式 4-A LED 閃爍 .mblock

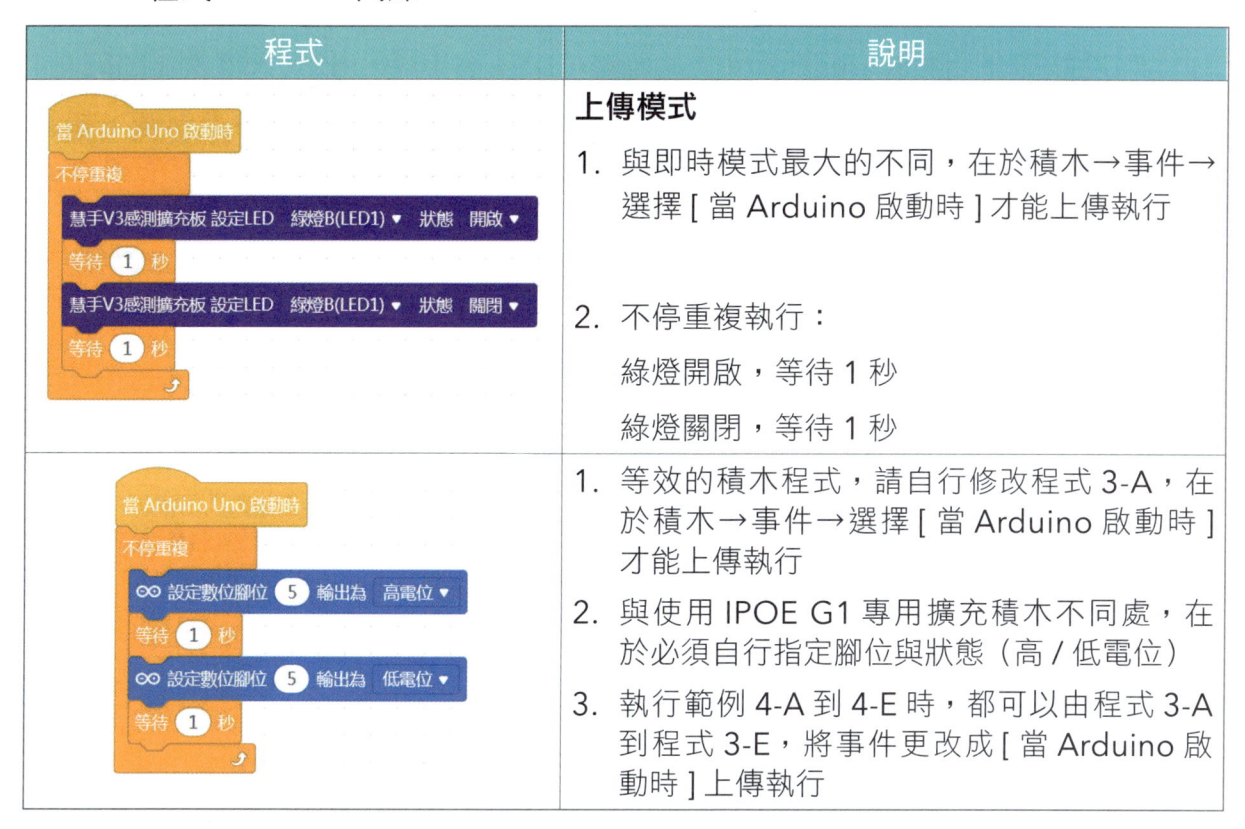

程式	說明
當 Arduino Uno 啟動時 不停重複 　慧手V3感測擴充板 設定LED 綠燈B(LED1) 狀態 開啟 　等待 1 秒 　慧手V3感測擴充板 設定LED 綠燈B(LED1) 狀態 關閉 　等待 1 秒	**上傳模式** 1. 與即時模式最大的不同，在於積木→事件→選擇 [當 Arduino 啟動時] 才能上傳執行 2. 不停重複執行： 　綠燈開啟，等待 1 秒 　綠燈關閉，等待 1 秒
當 Arduino Uno 啟動時 不停重複 　設定數位腳位 5 輸出為 高電位 　等待 1 秒 　設定數位腳位 5 輸出為 低電位 　等待 1 秒	1. 等效的積木程式，請自行修改程式 3-A，在於積木→事件→選擇 [當 Arduino 啟動時] 才能上傳執行 2. 與使用 IPOE G1 專用擴充積木不同處，在於必須自行指定腳位與狀態（高 / 低電位） 3. 執行範例 4-A 到 4-E 時，都可以由程式 3-A 到程式 3-E，將事件更改成 [當 Arduino 啟動時] 上傳執行

4. 執行結果：編輯完成後點選 [上傳]，會發現感測擴展板上綠色 LED 與 RGB 全彩 LED 同時以 1 秒的頻率閃爍。讀者可以試著關閉第 1 個指撥開關，會看到僅綠色 LED 閃爍。反之，關閉第 4 個指撥開關、開啟第 1 個指撥開關時，則會看到 RGB 全彩 LED 綠色閃爍。

範例 4-B 紅綠燈

1. 功能簡介：讓 Sensor Board 上的綠燈（D5）亮 10 秒，綠燈閃 3 次（間隔 0.4 秒），改換黃燈（D6）亮 2 秒後熄滅，紅燈（D10）亮 10 秒後熄滅，如此不停重複。

2. 硬體準備：同 4-A。

3. 程式 4-B 紅綠燈 .mblock

程式	說明
當 Arduino Uno 啟動時 不停重複 　慧手V3感測擴充板 設定LED 綠燈B(LED1) 狀態 開啟 　等待 10 秒 　慧手V3感測擴充板 設定LED 綠燈B(LED1) 狀態 關閉 　重複 3 次 　　慧手V3感測擴充板 設定LED 綠燈B(LED1) 狀態 開啟 　　等待 0.2 秒 　　慧手V3感測擴充板 設定LED 綠燈B(LED1) 狀態 關閉 　　等待 0.2 秒 　慧手V3感測擴充板 設定LED 黃燈B(LED2) 狀態 開啟 　等待 2 秒 　慧手V3感測擴充板 設定LED 黃燈B(LED2) 狀態 關閉 　慧手V3感測擴充板 設定LED 紅燈B(LED3) 狀態 開啟 　等待 10 秒 　慧手V3感測擴充板 設定LED 紅燈B(LED3) 狀態 關閉	上傳模式，不停重複執行： 1. 綠燈（D5）亮 10 秒 2. 綠燈閃 3 次（間隔 0.4 秒，明與滅各 0.2 秒） 3. 改換黃燈亮 2 秒後熄滅 4. 紅燈（D10）亮 10 秒後熄滅

4. 執行結果：編輯完成後點選 [上傳]，請關閉第 1、2、3 指撥開關（控制 RGB LED），開啟第 4、5、6 指撥開關，感測板上的 LED 如同紅綠燈一樣運行著。

4-2 模擬類比輸出

在 Arduino Uno 的數位輸入／輸出腳位裡的 D3、D5、D6、D9、D10、D11 共 6 個腳位，可以使用 0～255 數值做模擬類比輸出（PWM）的動作，這樣可以控制細微的亮度變化。

範例 4-C 呼吸燈

1. 功能簡介：讓 Sensor Board 上的 RGB 全彩 LED 紅燈（D6）由暗慢慢變亮，然後再由亮慢慢變暗，如此不停重複。
2. 硬體準備：同 4-A。
3. 程式 4-C 呼吸燈 .mblock

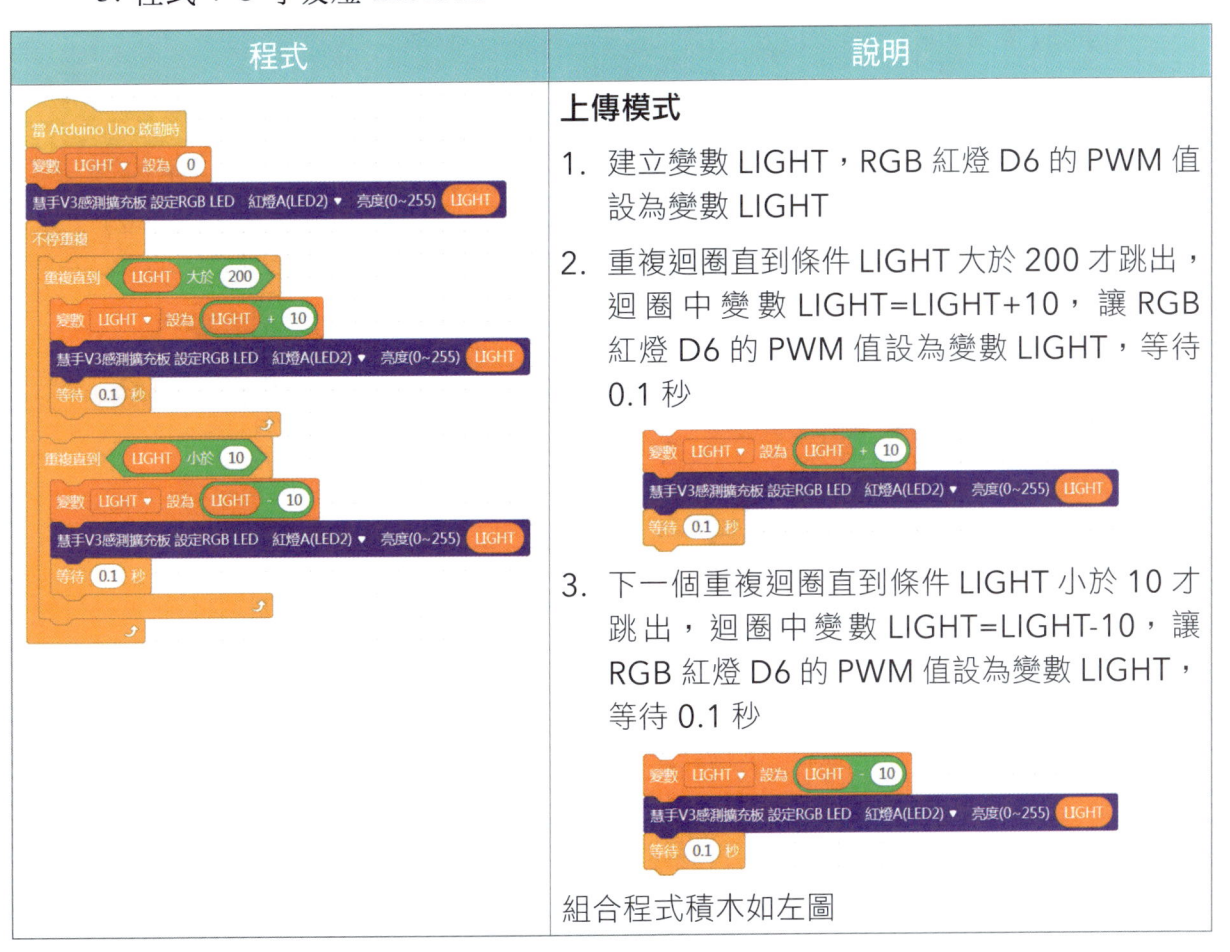

程式	說明
	上傳模式 1. 建立變數 LIGHT，RGB 紅燈 D6 的 PWM 值設為變數 LIGHT 2. 重複迴圈直到條件 LIGHT 大於 200 才跳出，迴圈中變數 LIGHT=LIGHT+10，讓 RGB 紅燈 D6 的 PWM 值設為變數 LIGHT，等待 0.1 秒 3. 下一個重複迴圈直到條件 LIGHT 小於 10 才跳出，迴圈中變數 LIGHT=LIGHT-10，讓 RGB 紅燈 D6 的 PWM 值設為變數 LIGHT，等待 0.1 秒 組合程式積木如左圖

4. 執行結果：編輯完成後點選 [上傳]，請開啟第 2 指撥開關，Sensor Board 上的 RGB LED 紅燈慢慢由暗到亮，然後慢慢由亮到暗，重複運行著。

4-3 數位輸入

所謂數位輸入，是指輸入的訊號是數位型態，也就是 0/1、ON/OFF。在 Sensor Board 上的 D2 腳位，布置了一個按鈕開關，當按下開關，會偵測到 D2=1，放開開關會偵測到 D2 = 0；藉著偵測按鈕開關是否被按下，就可以設計程式來控制其他元件，例如 LED 的亮與滅。

範例 4-D　按鈕開關燈

1. 功能簡介：等待直到按鈕 D2 被按下，讓 Sensor Board 上的 RGB 全彩 LED 紅燈 (D6) 亮，再等待直到按鈕 D2 被按下，RGB 全彩 LED 紅燈 (D6) 滅，如此不停重複。
2. 硬體準備：同 4-A。
3. 程式 4-D 按鈕開關燈 .mblock

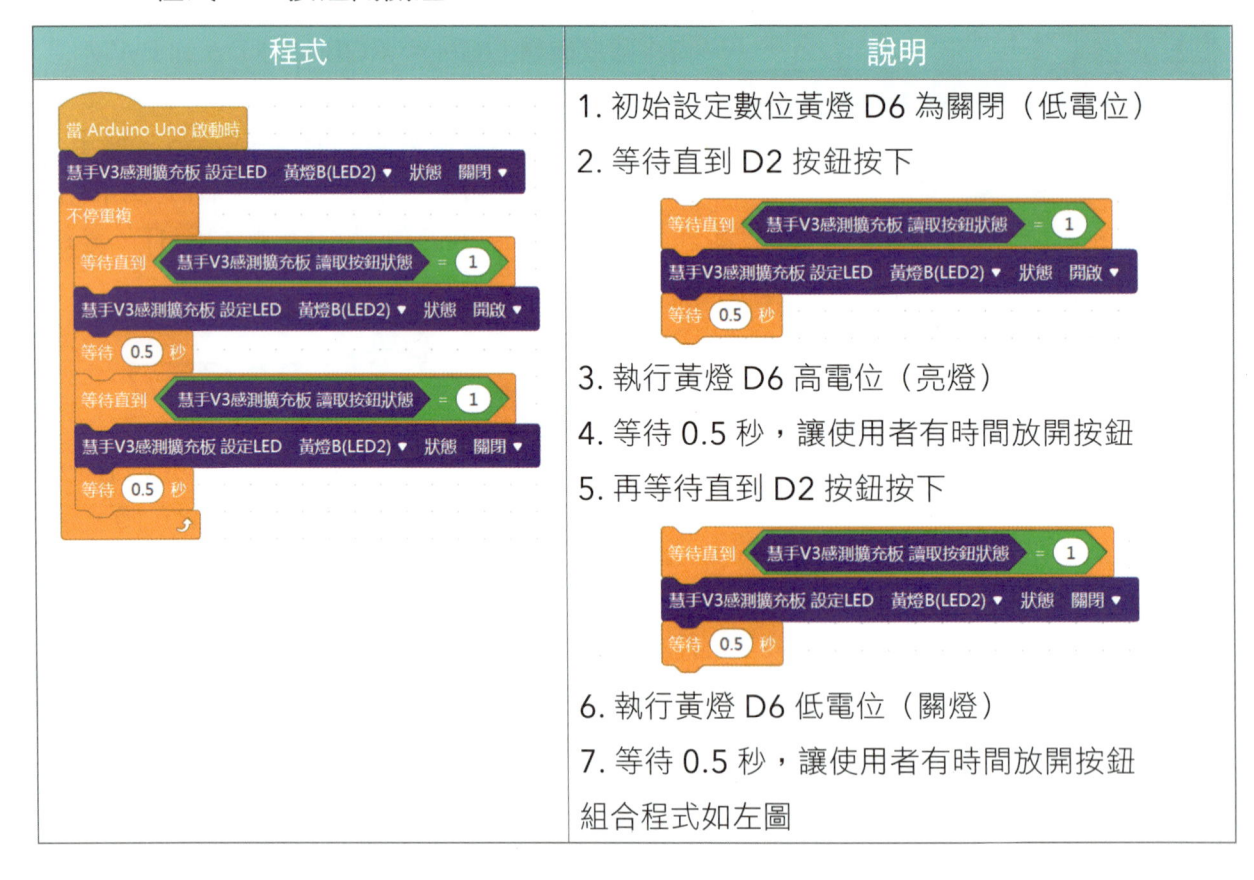

程式	說明
(程式積木圖)	1. 初始設定數位黃燈 D6 為關閉（低電位） 2. 等待直到 D2 按鈕按下 (程式積木圖) 3. 執行黃燈 D6 高電位（亮燈） 4. 等待 0.5 秒，讓使用者有時間放開按鈕 5. 再等待直到 D2 按鈕按下 (程式積木圖) 6. 執行黃燈 D6 低電位（關燈） 7. 等待 0.5 秒，讓使用者有時間放開按鈕 組合程式如左圖

Arduino 控制學習—上傳模式 4

4. 執行結果：編輯完成後點選 [上傳]，當按鈕 D2 按下，讓 Sensor Board 上的 RGB 全彩 LED 紅燈（D6）亮，再按一下，RGB 全彩 LED 紅燈（D6）滅，如此不停重複。

> **註** D6 在單色 LED 配置黃色，同時控制 RGB LED D6 是紅色，由指撥開關決定。

這個程式寫法有一個缺點：如果按鈕一直不放時，RGB LED 會以 0.5 秒間隔一明一暗閃爍著。下一個範例我們可以修改程式設計，確保程式能正確地執行。

範例 4-E 單按鈕確動開關燈

1. 程式 4-E 單按鈕確動開關燈 .mblock

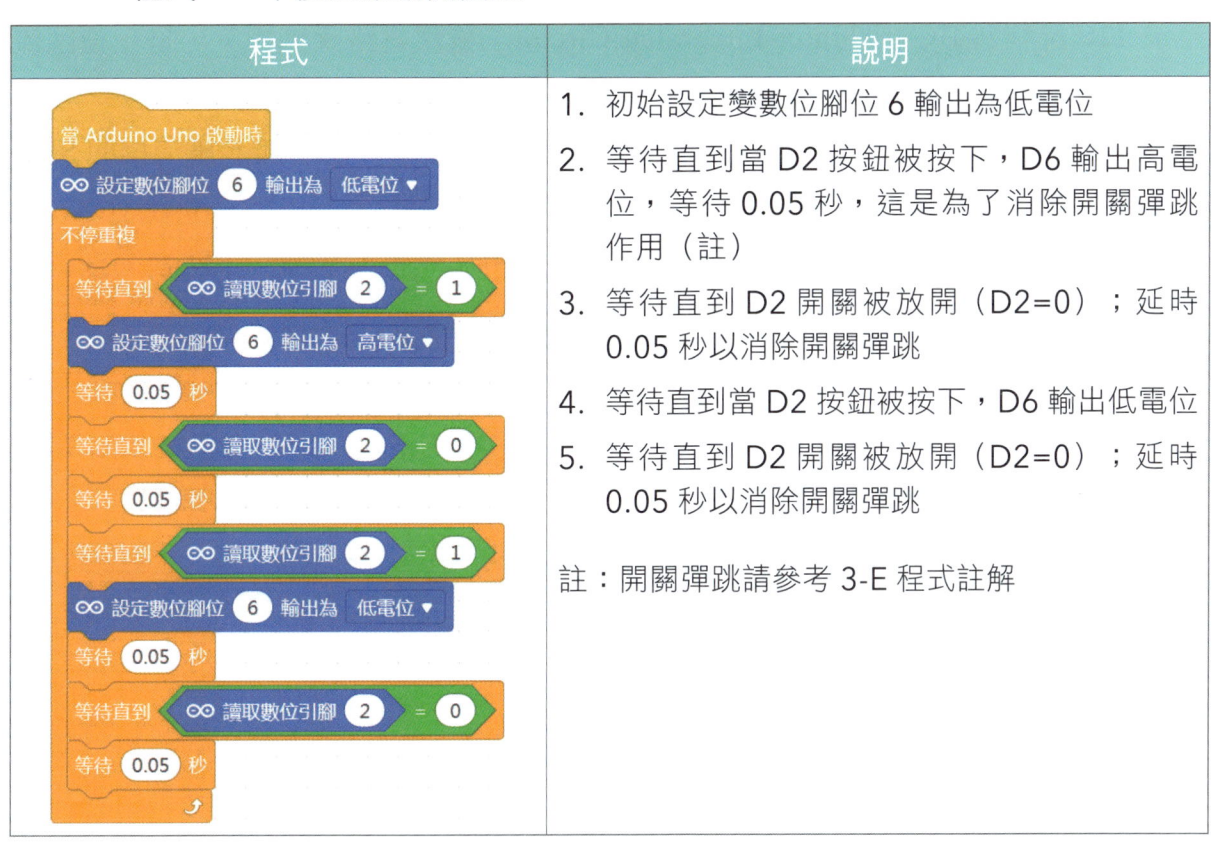

程式	說明
（程式積木圖）	1. 初始設定變數位腳位 6 輸出為低電位 2. 等待直到當 D2 按鈕被按下，D6 輸出高電位，等待 0.05 秒，這是為了消除開關彈跳作用（註） 3. 等待直到 D2 開關被放開（D2=0）；延時 0.05 秒以消除開關彈跳 4. 等待直到當 D2 按鈕被按下，D6 輸出低電位 5. 等待直到 D2 開關被放開（D2=0）；延時 0.05 秒以消除開關彈跳 註：開關彈跳請參考 3-E 程式註解

2. 執行結果：編輯完成後點選 [上傳]，當 Sensor Board 上的按鈕 D2 按下，讓 RGB 全彩 LED 紅燈（D6）亮，再按一下，RGB 全彩 LED 紅燈（D6）滅。與程式 3-E 的差異，在於按下按鈕後，增加要等待放開按鈕（D2 = 0）才完成一個循環，並且利用等待 0.05 秒來消除開關彈跳，可以準確地控制。

> **註** D6 在單色 LED 配置黃色，同時控制 RGB LED D6 是紅色，由指撥開關決定。

4-4 液晶顯示器

當我們使用 mBlock5 的即時模式，我們可以藉著將感測訊息由螢幕上的 mBlock 角色說出，或顯示使用的變數，來了解 Arduino 感測器的訊息資料。但是當上傳到 Arduino 燒錄離線之後，就無法得知目前各個感測值；因此 G1 積木機器人配置了一個 I2C 1602 液晶顯示器，用來顯示一些感測值與文字訊息。

1602 LCD 液晶顯示器，是一種專門用來顯示字母、數字、符號等的點陣型液晶顯示模組。我們選用 I2C 1602 LCD16×2 液晶顯示器，即可以顯示 2 列 ×16 行字元；只要 4 條接線，即 GND、VCC、SDA、SCL。

I2C 又稱為 IIC，即 Inter-Integrated Circuit（積體電路匯流排），是一種匯流排結構，I2C 串列匯流排一般有兩根信號線，一根是雙向的資料線 SDA，另一根是時鐘線 SCL。所有接到 I2C 匯流排設備上的串列資料 SDA 都會接到匯流排的 SDA 上，各設備的時鐘線 SCL 會接到匯流排的 SCL 上。常見市售的 1602 LCD16×2 液晶顯示器 I2C 介面通訊位址為：0×27（少數為 0×3F），詳細資訊請參閱廠商規格說明書。

當 Arduino 堆疊上感測擴展板後，使用 I2C 介面時，SDA 就是 A4 腳位，SCL 就是 A5 腳位。以下為 Motoduino_IPOE-G1 專用程式積木，提供完整的 I2C 1602 LCD16×2 液晶顯示器功能積木：

程式	說明
1602顯示器 初始設定位址 0x27	液晶顯示器初始位址 0×27
1602顯示器 清除所有文字	液晶顯示器清除所有文字
1602顯示器 背景光源 開啟	液晶顯示器開啟/關閉背景光源
1602顯示器 設定游標位置 行 0 列 0	液晶顯示器設定游標位置，顯示幕字元上下有 2 列，橫向有 16 行
1602顯示器 字串顯示	液晶顯示器顯示字串內容
1602顯示器 文字跑馬燈滾動方向 向左	液晶顯示器文字捲動方向

請再確認黑線→ GND，紅線→ VCC，黃線→ SDA，綠線→ SCL；RJ11 端插在 A5.A4 插孔。

Arduino 控制學習—上傳模式 **4**

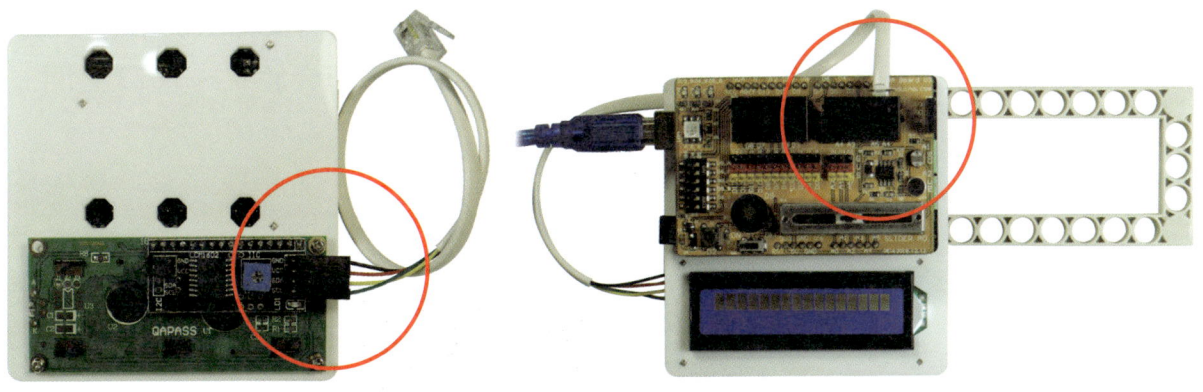

★ 圖 4-4　確認接線插在正確的腳位

以下的範例，在於學習如何使用 I2C 1602 LCD16×2 液晶顯示器，在燒錄離線後能顯示各種感測器的感測數值，或 Arduino 的程式執行狀態。

一　滑桿式可變電阻（A0）

範例 4-F　LCD 顯示可變電阻值

1. 功能簡介：設計程式，讓 Arduino 讀取感測板可變電阻（A0）數值，並顯示於 LCD 上。

2. 硬體準備：同 4-A。

3. 程式 4-F LCD 顯示可變電阻值 .mblock

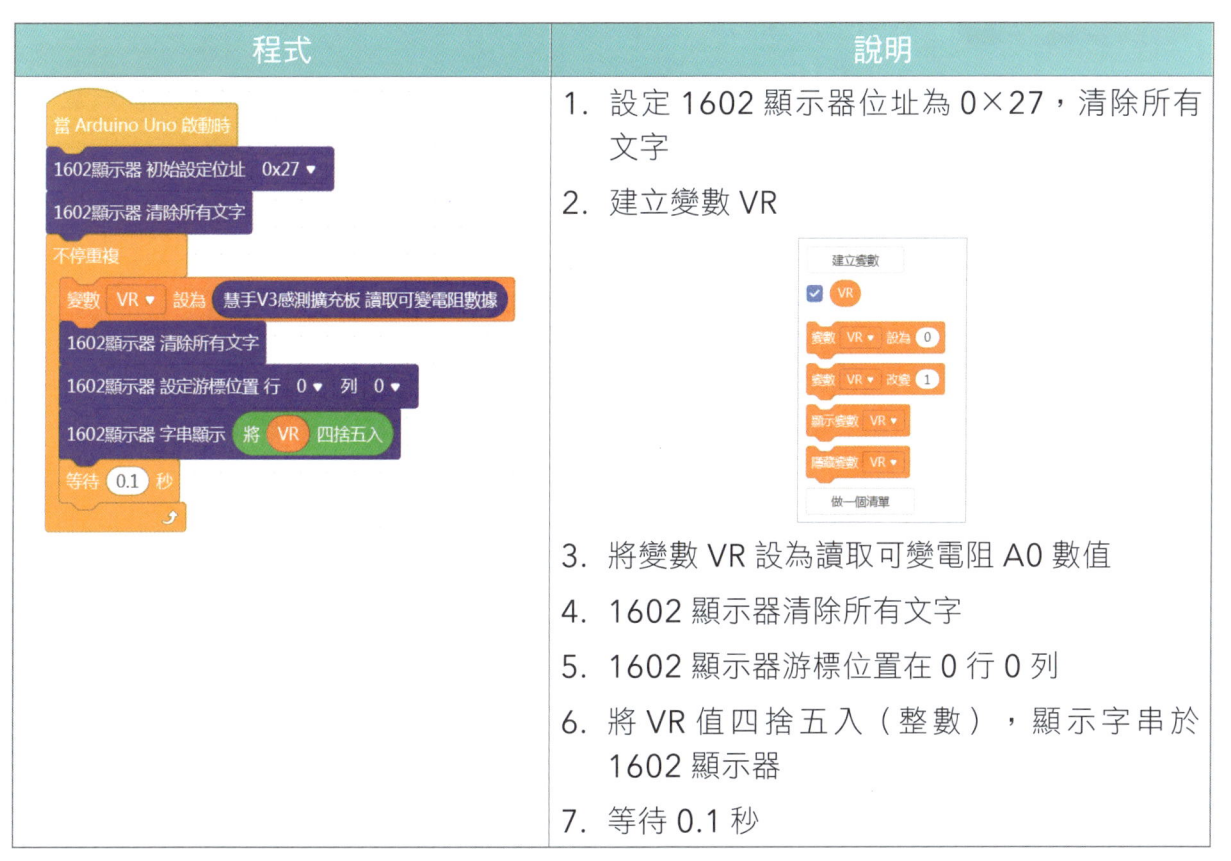

程式	說明
當 Arduino Uno 啟動時 1602顯示器 初始設定位址 0x27 1602顯示器 清除所有文字 不停重複 　變數 VR 設為 慧手V3感測擴充板 讀取可變電阻數據 　1602顯示器 清除所有文字 　1602顯示器 設定游標位置 行 0 列 0 　1602顯示器 字串顯示 將 VR 四捨五入 　等待 0.1 秒	1. 設定 1602 顯示器位址為 0×27，清除所有文字 2. 建立變數 VR 3. 將變數 VR 設為讀取可變電阻 A0 數值 4. 1602 顯示器清除所有文字 5. 1602 顯示器游標位置在 0 行 0 列 6. 將 VR 值四捨五入（整數），顯示字串於 1602 顯示器 7. 等待 0.1 秒

65

4. 執行結果：編輯完成後點選 [上傳]，拖拉感測擴展板可變電阻模組的時候，1602 顯示器不斷顯示感測數據，你可以觀察到顯示值介於 0 ～ 1023 之間。

程式中 `將 VR 四捨五入` ，是因為 mBlock5 簡化了變數的型態，數值變數都是浮點數（float）型態，因此我們要加以轉換成整數（int）型態；也可以使用數據積木 `∞ VR 轉換為 整數▼` ，效果是一樣的。

二 光感測器（A1）

光感測器（CdS）是一種因為光的強弱而改變電阻值的一種可變電阻，光線越強電阻值越小，當光線變暗，電阻值變大。光感測器模組利用分壓電路來取得感應光線變化值。

範例 4-G　光感測器控制 LED

1. 功能簡介：利用光感測器數值，控制 LED 黃燈（D6）的開啟與關閉。
2. 硬體準備：同 4-A。
3. 程式 4-G 光感測控制 LED.mblock

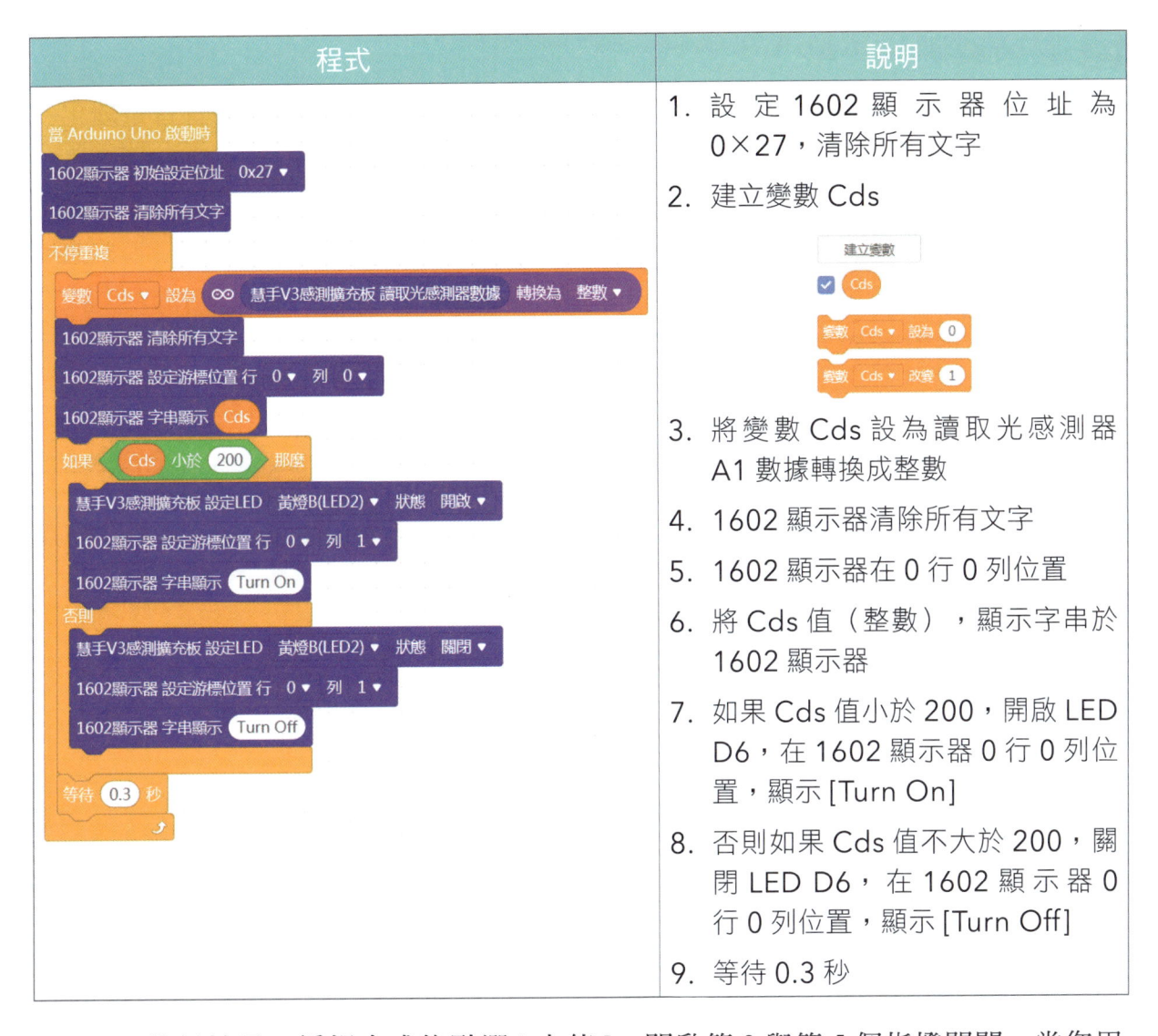

程式	說明
(程式積木圖)	1. 設定 1602 顯示器位址為 0×27，清除所有文字 2. 建立變數 Cds 3. 將變數 Cds 設為讀取光感測器 A1 數據轉換成整數 4. 1602 顯示器清除所有文字 5. 1602 顯示器在 0 行 0 列位置 6. 將 Cds 值（整數），顯示字串於 1602 顯示器 7. 如果 Cds 值小於 200，開啟 LED D6，在 1602 顯示器 0 行 0 列位置，顯示 [Turn On] 8. 否則如果 Cds 值不大於 200，關閉 LED D6，在 1602 顯示器 0 行 0 列位置，顯示 [Turn Off] 9. 等待 0.3 秒

4. 執行結果：編輯完成後點選 [上傳]，開啟第 2 與第 5 個指撥開關，當您用手或物品遮住光感測器，LCD 的讀數 <200，感測板上的黃燈與 RGB LED 紅燈立即點亮，否則關閉 LED，液晶顯示器也會提示 LED 燈的狀態。

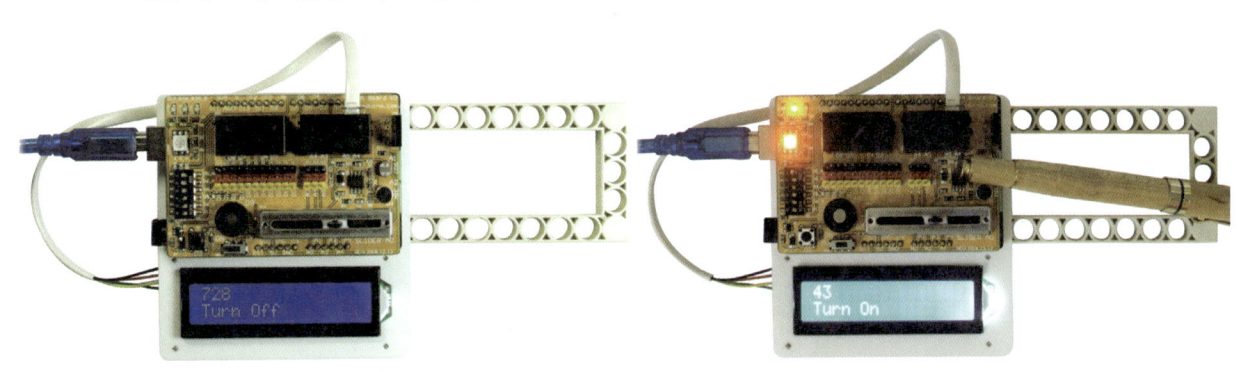

三 聲音感測器（A2）

聲音感測器，又稱為麥克風，可以測量外界音量的大小，透過聲音音量變化，例如拍手，也可以控制 Arduino 的輸出裝置。

範例 4-H　拍手開關燈

1. 功能簡介：當拍手音量大於 100，讓 Sensor Board 上的 RGB 全彩 LED 綠燈（D5）亮，再一次拍手音量大於 100，RGB 全彩 LED 綠燈（D5）滅，如此不停重複。

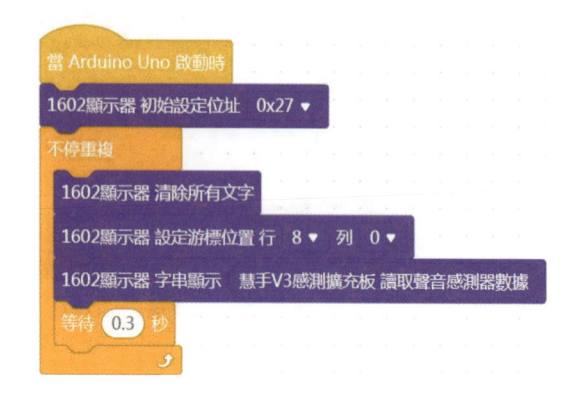

    聲音感測器（A2）的感測值也是類比訊號，在上傳模式我們可以透過下列程式，預先讀取自己習慣的拍手音量值，再減去 20 左右作為臨界值，寫入程式中。

2. 硬體準備：同 4-A。

3. 程式 4-G 拍手開關燈 .mblock

程式	說明
	1. 設定 1602 顯示器位址為 0×27，清除所有文字
	2. 等待直到 A2 聲音感測器數據大於 100，顯示 A2 聲音感測器數據，LED 綠燈 D5 開啟
	3. 等待 0.5 秒
	4. 再等待直到 A2 聲音感測器數據大於 100，顯示 A2 聲音感測器數據，LED 綠燈 D5 關閉
	5. 等待 0.5 秒

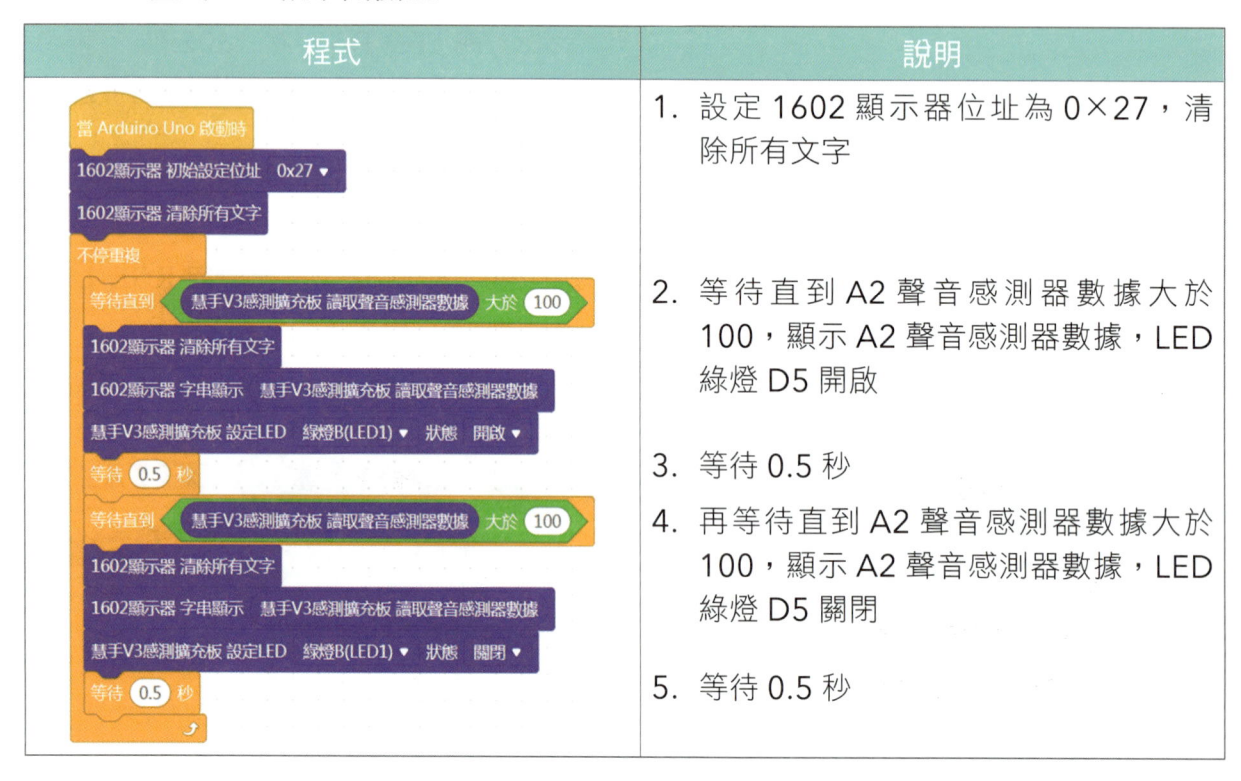

4. 執行結果：編輯完成後點選 [上傳]，當拍手一次，LED2（D5）開啟；再拍手一次 LED2（D5）關閉。

4-5 蜂鳴器與音樂

在這小節中我們使用 mBlock5 程式控制蜂鳴器發出音樂聲。蜂鳴器發聲的原理，是利用 PWM 產生音頻，驅動蜂鳴器，讓空氣產生振動，便能發出聲音。只要適當地改變振動頻率，就可以產生不同音階的聲音。我們使用的是無源蜂鳴器，所謂有源和無源的「源」不是指電源，而是指振盪源；有源蜂鳴器內部帶振盪源，所以只要一通電就會發聲，而無源蜂鳴器內部不帶振盪源，所以如果用直流信號便無法讓它發聲，必須用 20Hz-20kHz 的方波去驅動蜂鳴器，才能發出聲音。V3 感測擴展板上的 D9 腳位配置了一個蜂鳴器。

★ 表 4-1　音階與頻率表

八度音域	半音	1	2	3	4	5	6	7	8	9	10	11	12
	唱名	Do	Do#	Re	Re#	Mi	Fa	Fa#	So	So#	La	La#	Si
	代號	C	CS	D	DS	E	F	FS	G	GS	A	AS	B
2	頻率	65	69	73	78	82	87	93	98	104	110	117	123
3	頻率	131	139	147	156	165	175	185	196	208	220	233	247
	簡譜	1̣		2̣		3̣	4̣		5̣		6̣		7̣
4	頻率	262	277	294	311	330	349	370	392	415	440	466	494
	簡譜	1		2		3	4		5		6		7
5	頻率	523	554	587	622	659	698	740	784	831	880	932	988
	簡譜	1̇		2̇		3̇	4̇		5̇		6̇		7̇
6	頻率	1047	1109	1175	1245	1319	1397	1480	1568	1661	1760	1865	1976

Motoduino_IPOE-G1 專用程式積木，提供完整的蜂鳴器控制聲音的功能積木：

程式	說明
慧手V3感測擴充板 設定蜂鳴器 音階 C:Do▼ 延遲週期 500	D9 蜂鳴器輸出
慧手V3感測擴充板 設定蜂鳴器 聲音頻率 523 延遲週期 500	使用八音階或聲音頻率數值輸入，控制聲音與延遲週期
慧手V3感測擴充板 設定蜂鳴器 聲音停止	D9 蜂鳴器聲音停止

範例 4-I 按鈕與蜂鳴器──門鈴

1. 功能簡介：模擬門鈴，按一下叮噹一聲，再按一下發出叮噹一聲。
2. 硬體準備：同 4-A。
3. 程式 4-I 按鈕與蜂鳴器 - 門鈴 .mblock

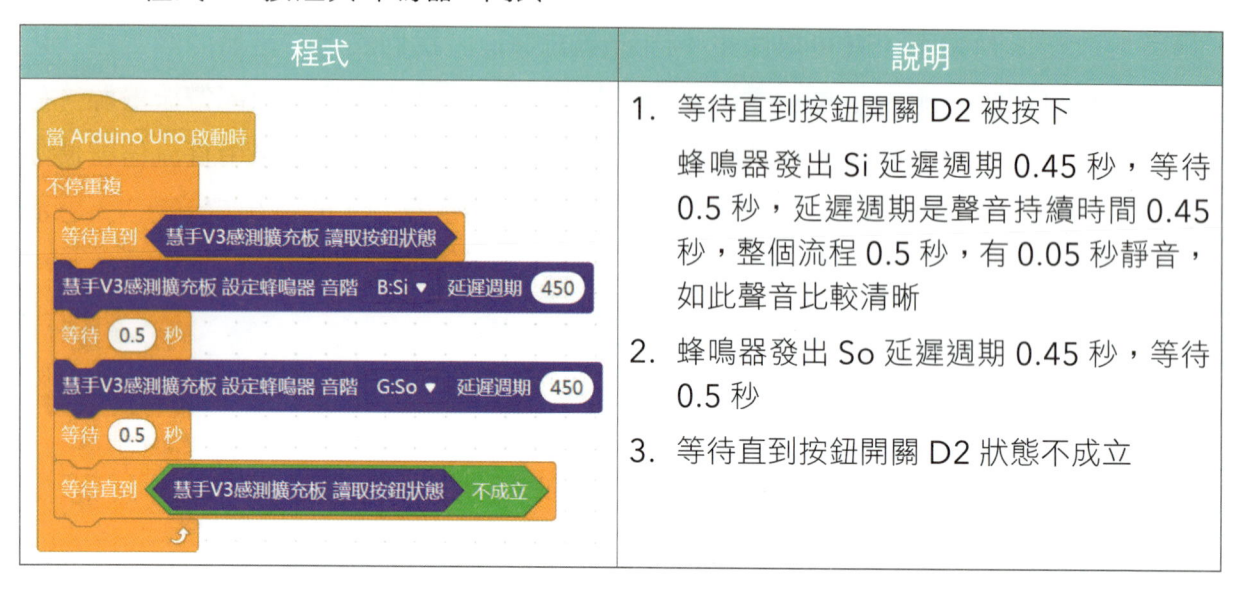

程式	說明
(程式積木圖)	1. 等待直到按鈕開關 D2 被按下 蜂鳴器發出 Si 延遲週期 0.45 秒，等待 0.5 秒，延遲週期是聲音持續時間 0.45 秒，整個流程 0.5 秒，有 0.05 秒靜音，如此聲音比較清晰 2. 蜂鳴器發出 So 延遲週期 0.45 秒，等待 0.5 秒 3. 等待直到按鈕開關 D2 狀態不成立

4. 執行結果：編輯完成後點選 [上傳]，按 1 次按鈕開關 D2，發出叮噹 1 次；等待直到按鈕開關 D2 狀態不成立，代表長按住開關不會連續發出聲音。

MLC 創客實作練習

題目名稱：訪客門鈴

題目說明：

設計程式，當按下按鈕開關，連續發出叮噹聲；直到放開按鈕開關再停止。

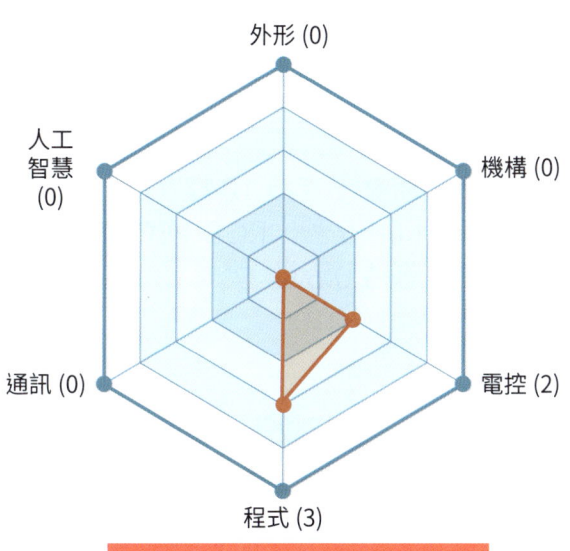

創客題目編號：A045003

創客學習力

實作時間：20min

創客指標	指數
外形（專業）	0
機構	0
電控	2
程式	3
通訊	0
人工智慧	0
創客總數	5

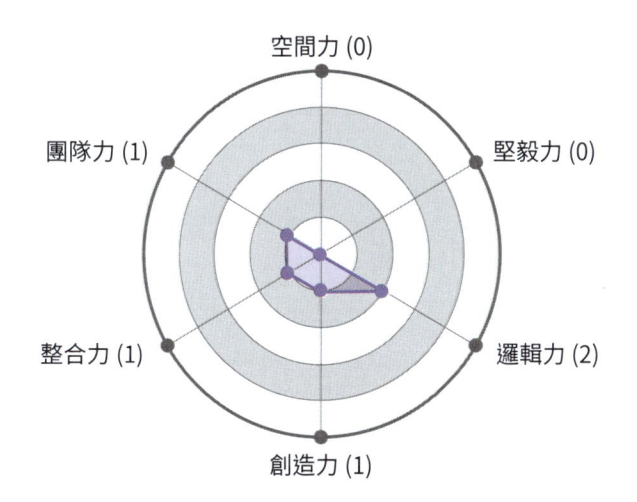

創客素養力

空間力	堅毅力	邏輯力	創造力	整合力	團隊力	素養總數
0	0	2	1	1	1	5

範例 4-J 救護車

1. 功能簡介：使用輸入音頻數值方式，配合燈光效果模擬救護車。
2. 硬體準備：同 4-A。
3. 程式 4-J 救護車 .mblock

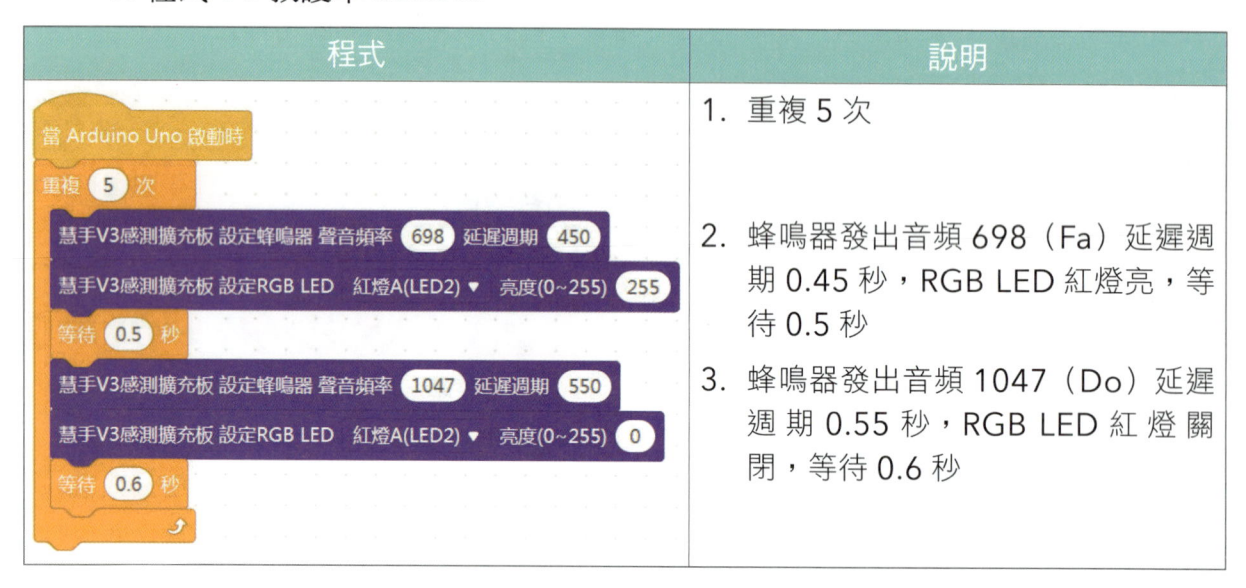

程式	說明
(程式積木圖)	1. 重複 5 次 2. 蜂鳴器發出音頻 698（Fa）延遲週期 0.45 秒，RGB LED 紅燈亮，等待 0.5 秒 3. 蜂鳴器發出音頻 1047（Do）延遲週期 0.55 秒，RGB LED 紅燈關閉，等待 0.6 秒

4. 執行結果：編輯完成後點選 [上傳]，控制板模組模擬救護車的聲音與燈光閃爍效果。

以 Arduino 積木程式來設計歌曲，即使是兒歌「小星星」，積木長度還是十分地長，在此我們有新的學習 [自定積木]，也就是以副程式的方式，來精簡積木程式的可讀性。小星星的歌曲特性，1、2 小節與 5、6 小節是相同的，第 3 與第 4 小節也是相同的；因此，我們建立 3 個自定積木：PART_A 寫第 1 小節，PART_B 寫第 2 小節，PART_C 寫第 3 小節，主程式再將各個自定積木組合起來。

範例 4-K 演奏小星星──使用自定積木

1. 功能簡介：使用輸入音頻數值方式，演奏兒歌小星星。
2. 硬體準備：同 4-A。
3. 程式 4-K 小星星 .mblock

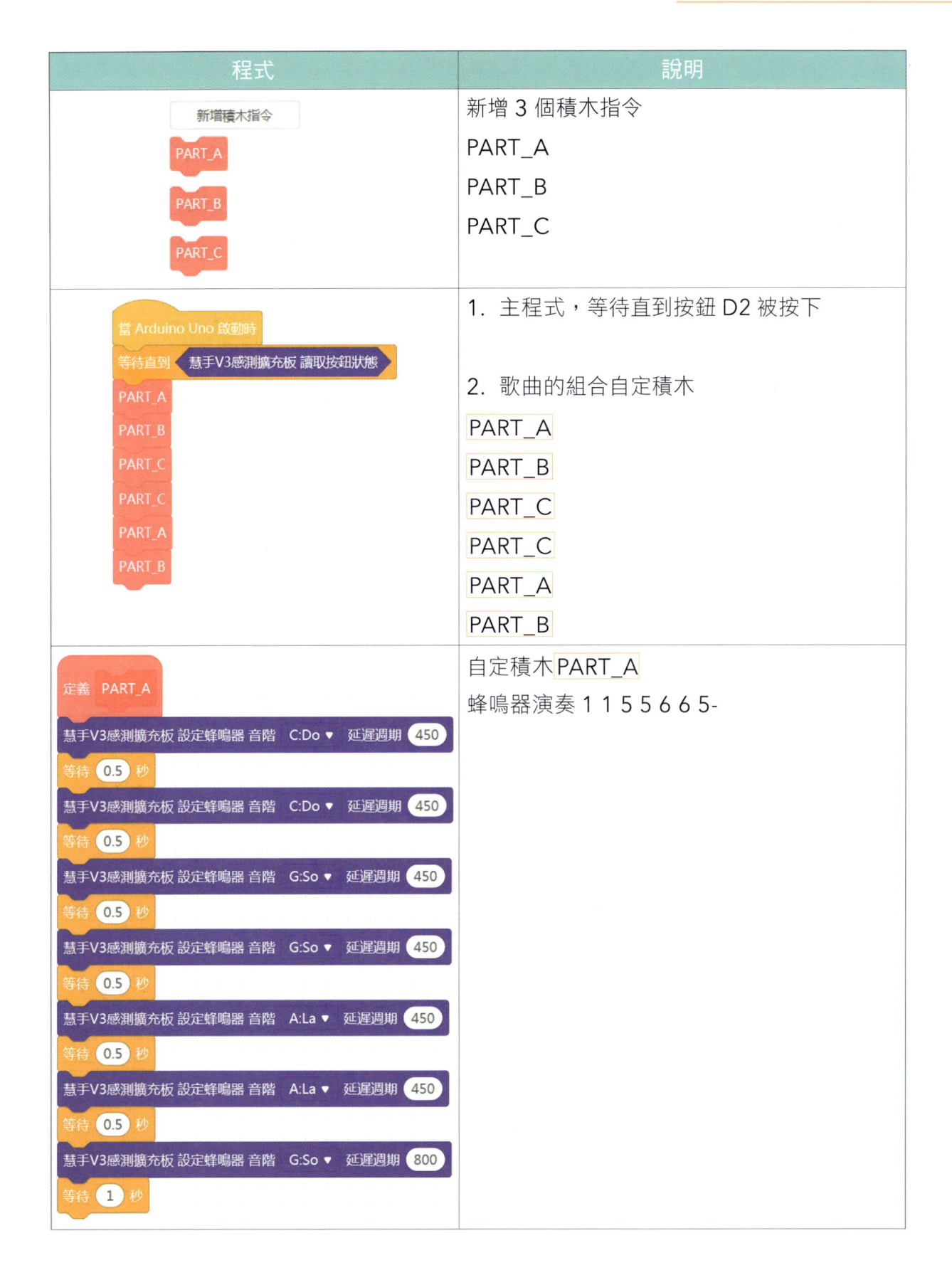

程式	說明
新增積木指令 PART_A PART_B PART_C	新增 3 個積木指令 PART_A PART_B PART_C
當 Arduino Uno 啟動時 等待直到 慧手V3感測擴充板 讀取按鈕狀態 PART_A PART_B PART_C PART_C PART_A PART_B	1. 主程式，等待直到按鈕 D2 被按下 2. 歌曲的組合自定積木 PART_A PART_B PART_C PART_C PART_A PART_B
定義 PART_A 慧手V3感測擴充板 設定蜂鳴器 音階 C:Do 延遲週期 450 等待 0.5 秒 慧手V3感測擴充板 設定蜂鳴器 音階 C:Do 延遲週期 450 等待 0.5 秒 慧手V3感測擴充板 設定蜂鳴器 音階 G:So 延遲週期 450 等待 0.5 秒 慧手V3感測擴充板 設定蜂鳴器 音階 G:So 延遲週期 450 等待 0.5 秒 慧手V3感測擴充板 設定蜂鳴器 音階 A:La 延遲週期 450 等待 0.5 秒 慧手V3感測擴充板 設定蜂鳴器 音階 A:La 延遲週期 450 等待 0.5 秒 慧手V3感測擴充板 設定蜂鳴器 音階 G:So 延遲週期 800 等待 1 秒	自定積木PART_A 蜂鳴器演奏１１５５６６５-

程式	說明
定義 PART_B 慧手V3感測擴充板 設定蜂鳴器 音階 F:Fa▼ 延遲週期 450 等待 0.5 秒 慧手V3感測擴充板 設定蜂鳴器 音階 F:Fa▼ 延遲週期 450 等待 0.5 秒 慧手V3感測擴充板 設定蜂鳴器 音階 E:Mi▼ 延遲週期 450 等待 0.5 秒 慧手V3感測擴充板 設定蜂鳴器 音階 E:Mi▼ 延遲週期 450 等待 0.5 秒 慧手V3感測擴充板 設定蜂鳴器 音階 D:Re▼ 延遲週期 450 等待 0.5 秒 慧手V3感測擴充板 設定蜂鳴器 音階 D:Re▼ 延遲週期 450 等待 0.5 秒 慧手V3感測擴充板 設定蜂鳴器 音階 C:Do▼ 延遲週期 450 等待 1 秒	自定積木PART_B 蜂鳴器演奏 4 4 3 3 2 2 1-
定義 PART_C 慧手V3感測擴充板 設定蜂鳴器 音階 G:So▼ 延遲週期 450 等待 0.5 秒 慧手V3感測擴充板 設定蜂鳴器 音階 G:So▼ 延遲週期 450 等待 0.5 秒 慧手V3感測擴充板 設定蜂鳴器 音階 F:Fa▼ 延遲週期 450 等待 0.5 秒 慧手V3感測擴充板 設定蜂鳴器 音階 F:Fa▼ 延遲週期 450 等待 0.5 秒 慧手V3感測擴充板 設定蜂鳴器 音階 E:Mi▼ 延遲週期 450 等待 0.5 秒 慧手V3感測擴充板 設定蜂鳴器 音階 E:Mi▼ 延遲週期 450 等待 0.5 秒 慧手V3感測擴充板 設定蜂鳴器 音階 D:Re▼ 延遲週期 450 等待 1 秒	自定積木PART_C 蜂鳴器演奏 5 5 4 4 3 3 2-

4. 執行結果：編輯完成後點選 [上傳]，當按下感測擴展板的按鈕，蜂鳴器就依序執行主程式與自定積木程式，演奏一首小星星。

4-6 伺服馬達與控制

伺服馬達又稱為伺服機（RC servo）或稱為舵機。依照動作方式分為定位型（0～180 度）以及 360 度連續旋轉伺服馬達。兩者都是利用頻寬調變（PWM）來控制轉動角度或轉速。

伺服馬達的角度值，是以從伺服馬達軸心來觀察，如下圖右為定位型伺服馬達，順時針轉到停止處為 0 度，逆時針轉到停止處為 180 度。下圖左為連續旋轉型伺服馬達。

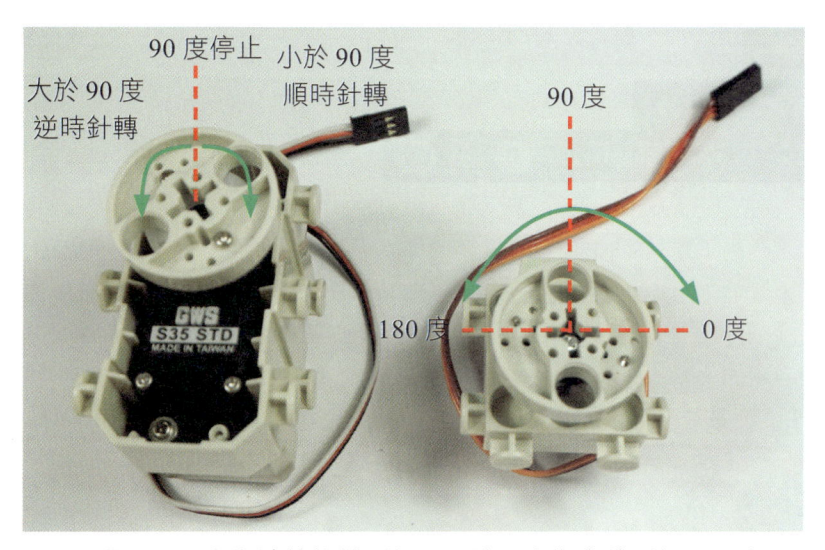

★ 圖 4-5　左為連續旋轉型伺服馬達、右為定位型伺服馬達

IPOE G1 配備一顆定位型伺服馬達，請將伺服馬達的訊號線，正確插在感測擴展板中間 D7 的 GVS 針腳（褐色→黑 G、紅色→紅 V、黃色→黃 S）。

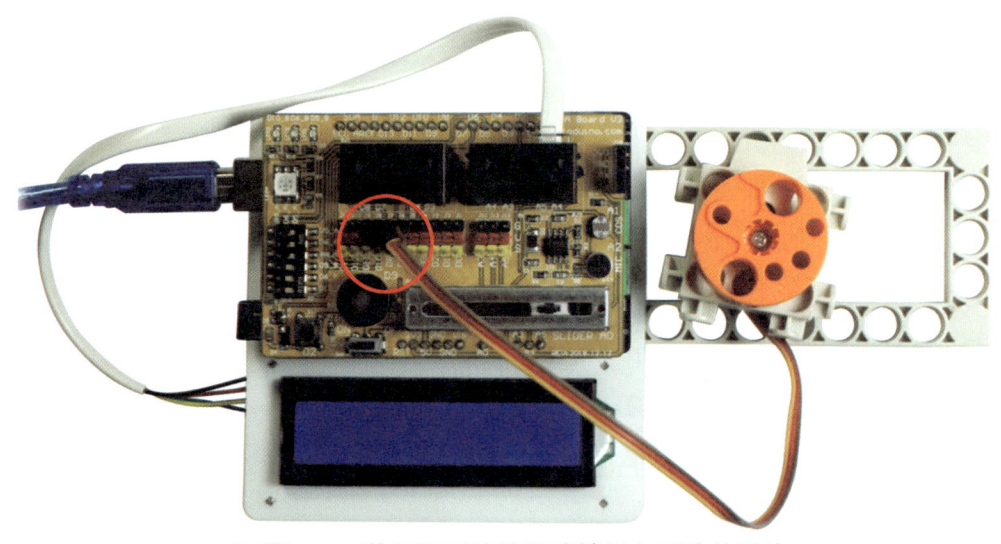

★ 圖 4-6　將伺服馬達的訊號線插在正確的腳位

範例 4-L 可變電阻 VR 控制定位型伺服馬達

1. 功能簡介：使用手動調整可變電阻 VR（A0）的值，用來控制伺服馬達；由於 A0 的輸入值範圍 0～1023，而輸出控制定位型伺服馬達角度值為 0～180。我們使用一個映射 map（）指令來達成，如以下程式說明：使用輸入音頻數值方式，配合燈光效果模擬救護車。

2. 硬體準備：同 4-A，伺服馬達接在 D7。

3. 程式 4-L 伺服馬達控制 .mblock

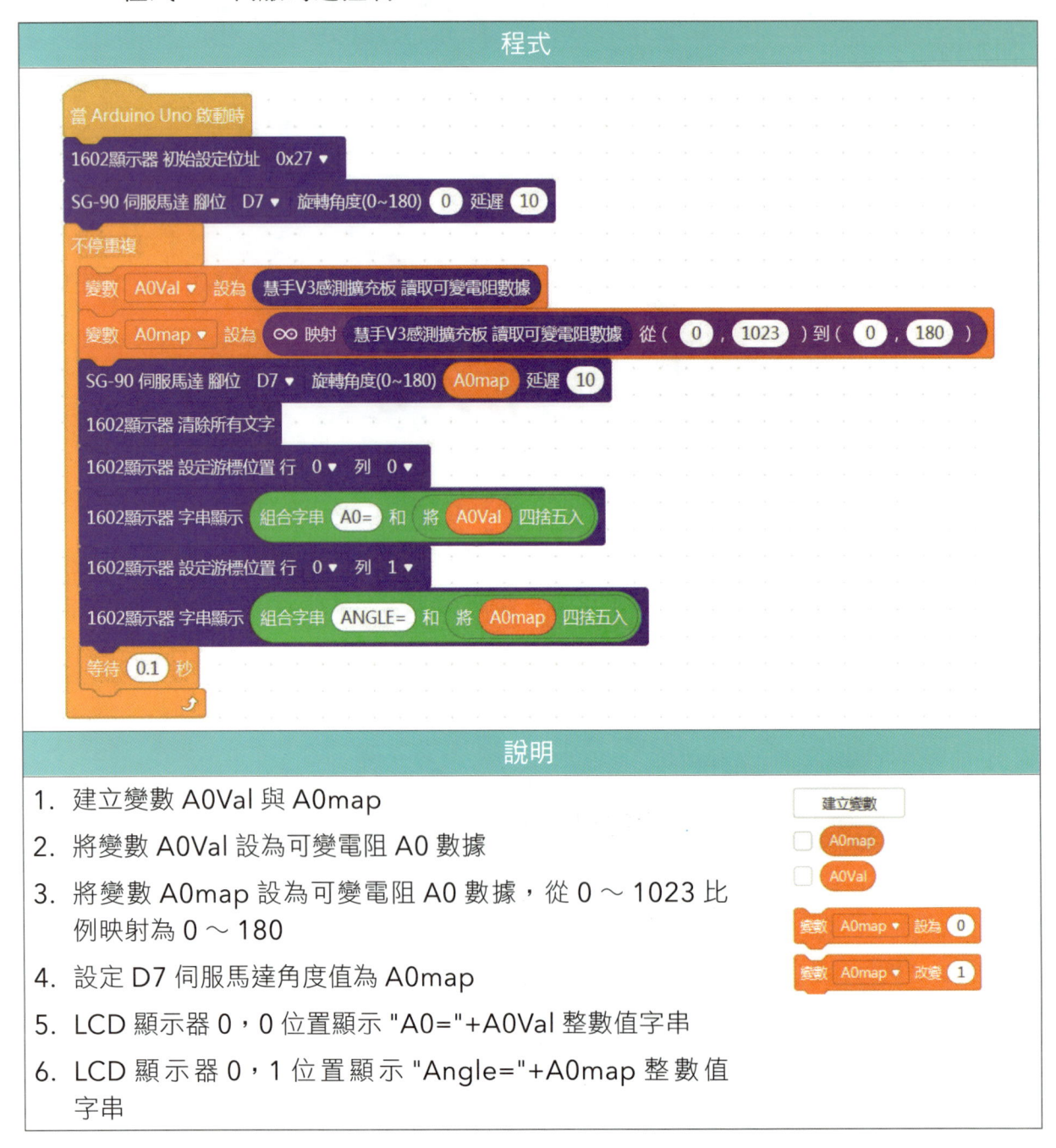

程式
當 Arduino Uno 啟動時 1602顯示器 初始設定位址 0x27 SG-90 伺服馬達 腳位 D7 旋轉角度(0~180) 0 延遲 10 不停重複 　變數 A0Val 設為 慧手V3感測擴充板 讀取可變電阻數據 　變數 A0map 設為 ∞ 映射 慧手V3感測擴充板 讀取可變電阻數據 從 (0 , 1023) 到 (0 , 180) 　SG-90 伺服馬達 腳位 D7 旋轉角度(0~180) A0map 延遲 10 　1602顯示器 清除所有文字 　1602顯示器 設定游標位置 行 0 列 0 　1602顯示器 字串顯示 組合字串 A0= 和 將 A0Val 四捨五入 　1602顯示器 設定游標位置 行 0 列 1 　1602顯示器 字串顯示 組合字串 ANGLE= 和 將 A0map 四捨五入 　等待 0.1 秒

說明
1. 建立變數 A0Val 與 A0map 2. 將變數 A0Val 設為可變電阻 A0 數據 3. 將變數 A0map 設為可變電阻 A0 數據，從 0～1023 比例映射為 0～180 4. 設定 D7 伺服馬達角度值為 A0map 5. LCD 顯示器 0,0 位置顯示 "A0="+A0Val 整數值字串 6. LCD 顯示器 0,1 位置顯示 "Angle="+A0map 整數值字串

4. 執行結果：編輯完成後點選 [上傳]，當拖曳滑桿式可變電阻，可觀察到伺服馬達隨著轉動角度，且 LCD 液晶顯示器顯示目前伺服馬達的角度值。

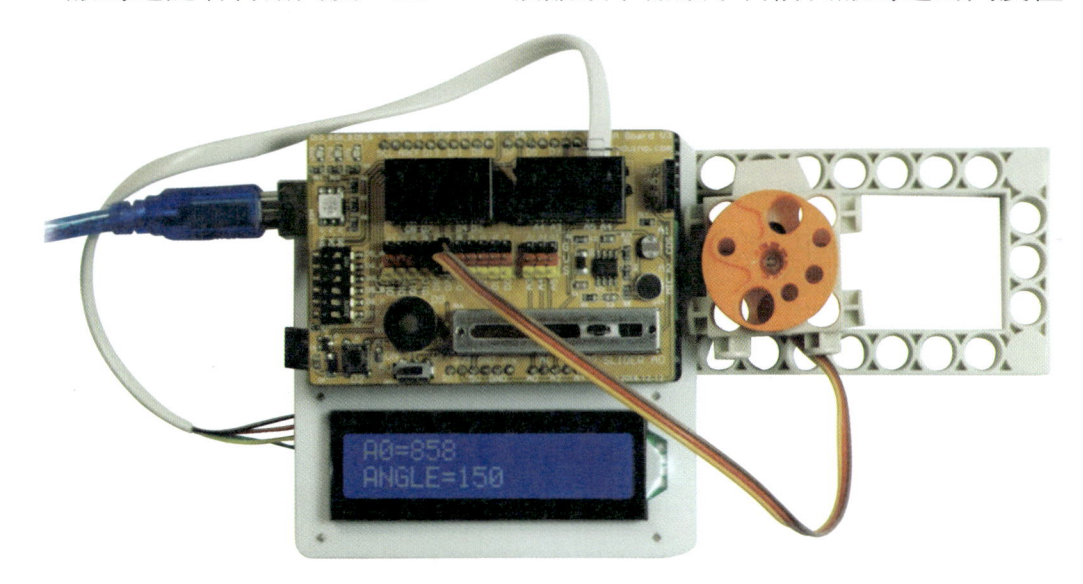

4-7 超音波感測器應用

超音波感測器是由超音波發射器、接收器和控制電路所組成。當它被觸發的時候，會發射一連串 40 kHz 的聲波並且從離它最近的物體接收回音。超音波是人類耳朵無法聽見的聲音，因為超出人類耳朵可以聽到的頻率範圍 20Hz～20kHz 之間；相對的，場地中吵雜的聲音並不會影響超音波感測器的功能。

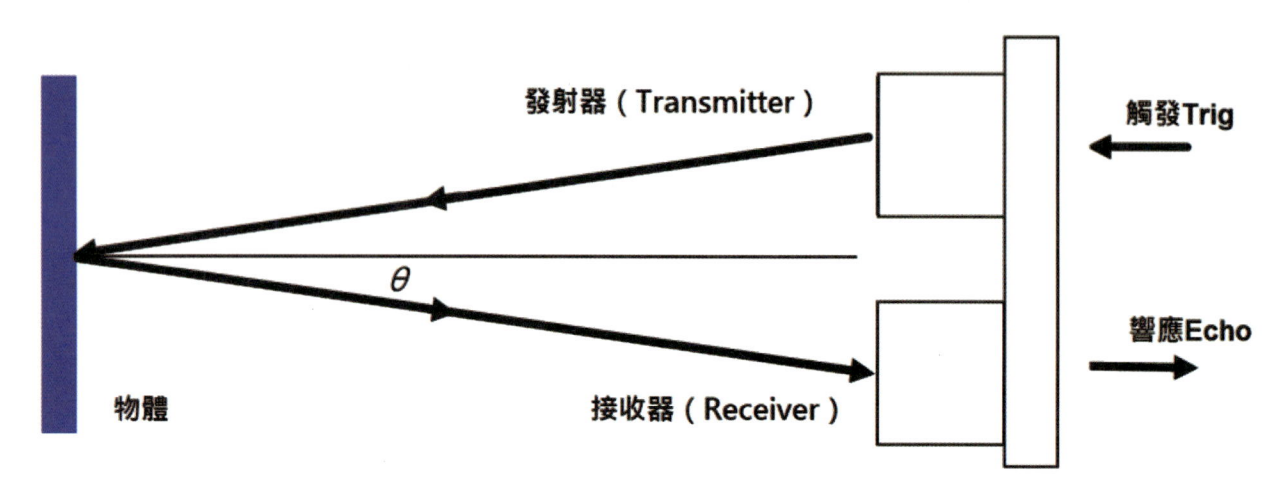

超音波感測器模組工作原理：

1. 使用 IO 觸發測距，給至少 10us 的高電位信號，一有輸出就可以開定時器計時。
2. 模組自動發送 8 個 40khz 的方波，自動檢測是否有信號返回。
3. 有信號返回時，判讀高電位持續的時間就是超聲波從發射到返回的時間。
4. 測試距離＝（高電位時間 × 聲速（343m/s））/ 2，攝氏 20° 時。
5. 偵測距離：2cm～450cm，感應角度 θ 為 15 度。

★ 圖 4-7 超音波感測器模組工作原理

超音波感測器以 RJ11 與 4 芯杜邦線連接，黑→ GND、黃→ Echo、綠→ Trig、紅→ VCC，RJ11 端插在 D4/D3 插孔。超音波感測器以五孔超長條與短結合鍵組合，方便組裝在積木零件的配合孔位。

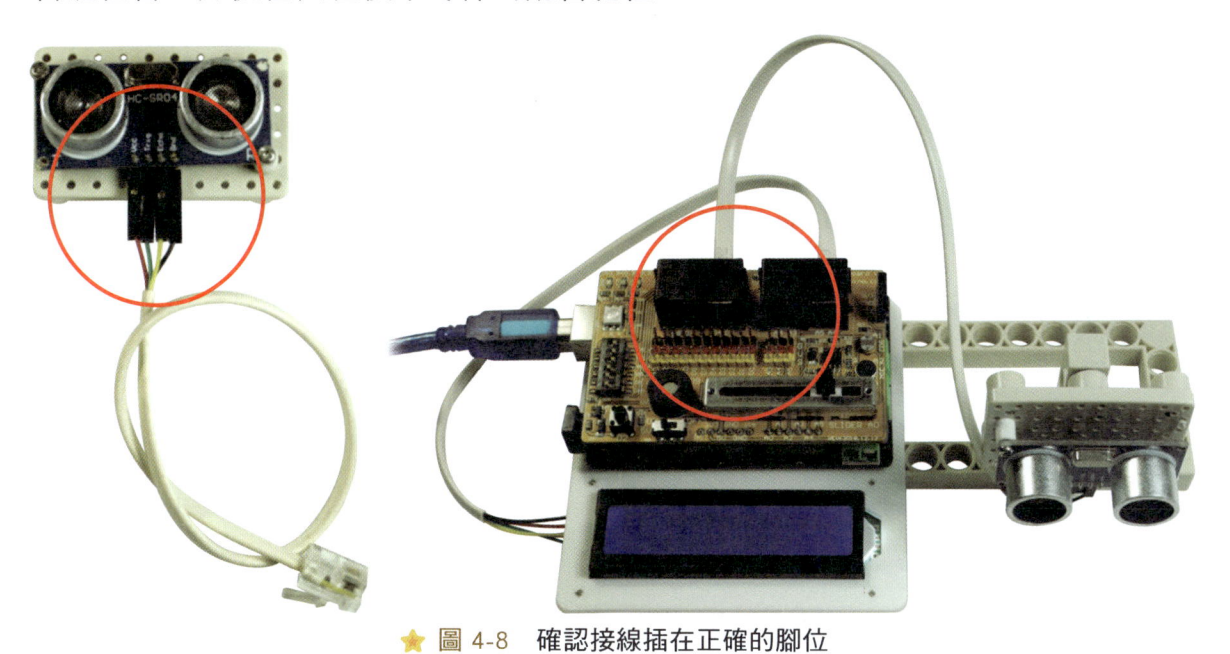

★ 圖 4-8　確認接線插在正確的腳位

Motoduino_IPOE-G1 專用程式積木，提供超音波感測模組控制功能積木：

積木	說明
HC-SR04 超音波感測器 Trig腳位 D4 ▼ Echo腳位 D3 ▼	HC-SR04 超音波感測器 觸發 Trig 腳位 D4，響應 Echo 腳位 D3

範例 4-M　超音波測距離

1. 功能簡介：使用超音波模組測量物體距離，當物體在超音波模組前方移動，LCD 顯示器顯示距離數值。
2. 硬體準備：同 4-A，超音波感測器接在 D3/D4 插孔。
3. 程式 4-M 超音波測距離 .mblock

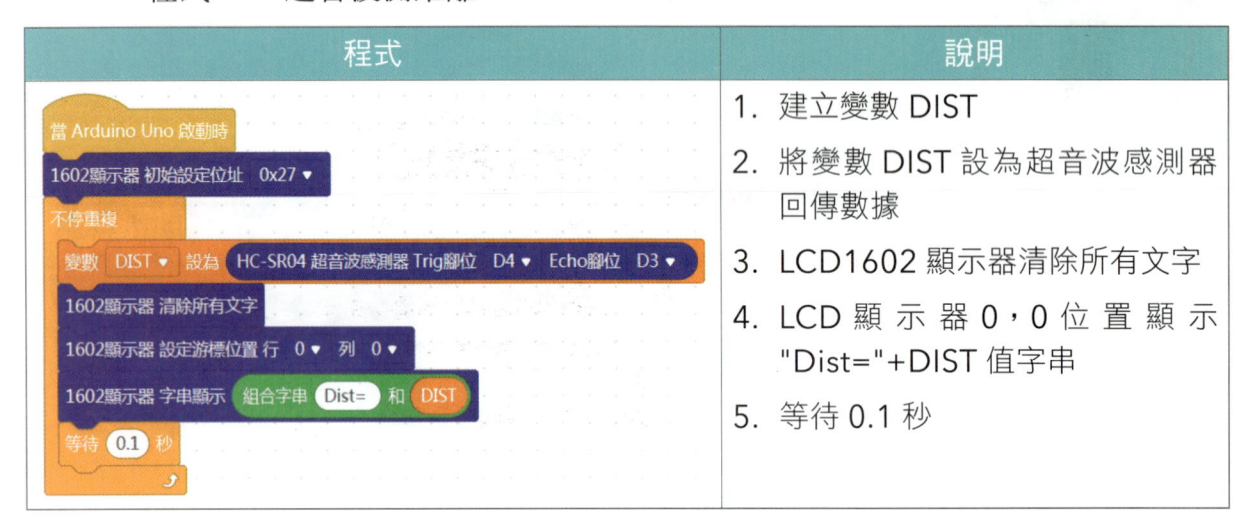

程式	說明
（積木程式圖）	1. 建立變數 DIST 2. 將變數 DIST 設為超音波感測器回傳數據 3. LCD1602 顯示器清除所有文字 4. LCD 顯示器 0，0 位置顯示 "Dist="+DIST 值字串 5. 等待 0.1 秒

4. 執行結果：編輯完成後點選 [上傳]，可以拿一個物品慢慢接近超音波感測器，並讀取顯示數值的變化。

超音波感測器經常應用在機器人偵測前方障礙物，藉由偵測數值，決定機器人的判別與行動策略，在機器人應用篇章，我們將執行超音波感測器與機器人的整合應用。

4-8 溫溼度感測器

溫溼度感測器 DHT11，包括一個電阻式感溼元件和一個 NTC 測溫元件，並與一個高性能 8 位元 IC 單晶片相連接，是一個結合溼度計和測溫元件。它能量測週遭的空氣環境，將所量測到的溫、溼度資料轉換成為數位訊號，再由 data pin 腳將資料送出，僅需連接 GND、VCC、S 腳位。使用上很簡單，但是抓取資料時，每筆資料的抓取時間間隔需要 2 秒鐘，不能太快。對於學習與熟悉溫、溼度感測功能是十分方便的簡易感測元件。

DHT-11 規格如下：

- 溼度測量範圍：20~90%RH
- 溼度測量精度：±5%RH
- 溫度測量範圍：0~50℃
- 溫度測量精度：±2℃
- 電源供應範圍：3～5V

★ 圖 4-9　DHT11 溫溼度感測器

如果希望得到較精確的測量值，可以選用 DHT22，包括一個電容式感溼元件和一個高精度測溫元件，並與一個高性能 8 位元 IC 單片機相連接。

DHT-22 規格如下：

- 傳感元件高分子溼敏電容
- 溼度測量範圍：0%～99%RH
- 溫度測量範圍：–40～80℃；
- 溼度測量精度：±1%RH
- 溫度測量精度：±0.2℃
- 電源供應範圍：3～5V

★ 圖 4-10　DHT22 溫溼度感測器

Arduino G1 積木機器人實作與 AI 應用

見下圖，DHT11 溫濕度感測器的 RJ11 線插在 A3/A4 插孔（連接 A3）。

★ 圖 4-11　DHT11 溫濕度感測器的 RJ11 線插在 A3/A4 插孔

Motoduino_IPOE-G1 專用程式積木，提供超音波感測模組控制功能積木：

積木	說明
DHT11 溫溼度感測器 腳位 A3 ▼ 讀取數值 溫度 ▼ （溫度／濕度）	溫溼度感測器 DHT11，可選擇偵測溫度或濕度值，IPOE G1 設定連接於 A3 腳位

範例 4-N　溫溼度感測

1. 功能簡介：以 DHT11 溫溼度感測器測量溫度與濕度，測量值顯示在 LCD 顯示器。
2. 硬體準備：同 4-A，DHT11 溫溼度感測器的 RJ11 線插在 A3/A4 插孔（連接 A3）。
3. 程式 4-N 溫溼度感測 .mblock

積木	說明
(積木圖：當 Arduino Uno 啟動時；1602顯示器 初始設定位址 0x27；不停重複：變數 TEMP 設為 DHT11 溫溼度感測器 腳位 A3 讀取數值 溫度；變數 HUMI 設為 DHT11 溫溼度感測器 腳位 A3 讀取數值 濕度；1602顯示器 清除所有文字；1602顯示器 設定游標位置 行 0 列 0；1602顯示器 字串顯示 組合字串 TEMP= 和 TEMP；1602顯示器 設定游標位置 行 0 列 1；1602顯示器 字串顯示 組合字串 HUMI= 和 HUMI；等待 2 秒)	1. 建立變數 TEMP，變數 HUMI 2. 將變數 TEMP 設為 DHT11 溫溼度感測器之溫度讀取數值 3. 將變數 HUMI 設為 DHT11 溫溼度感測器之濕度讀取數值 4. LCD1602 顯示器清除所有文字 5. LCD 顯示器 0，0 位置顯示 "TEMP"=+TEMP 值字串 6. LCD 顯示器 0，1 位置顯示 "HUMI="+HUMI 值字串 7. 等待 2 秒

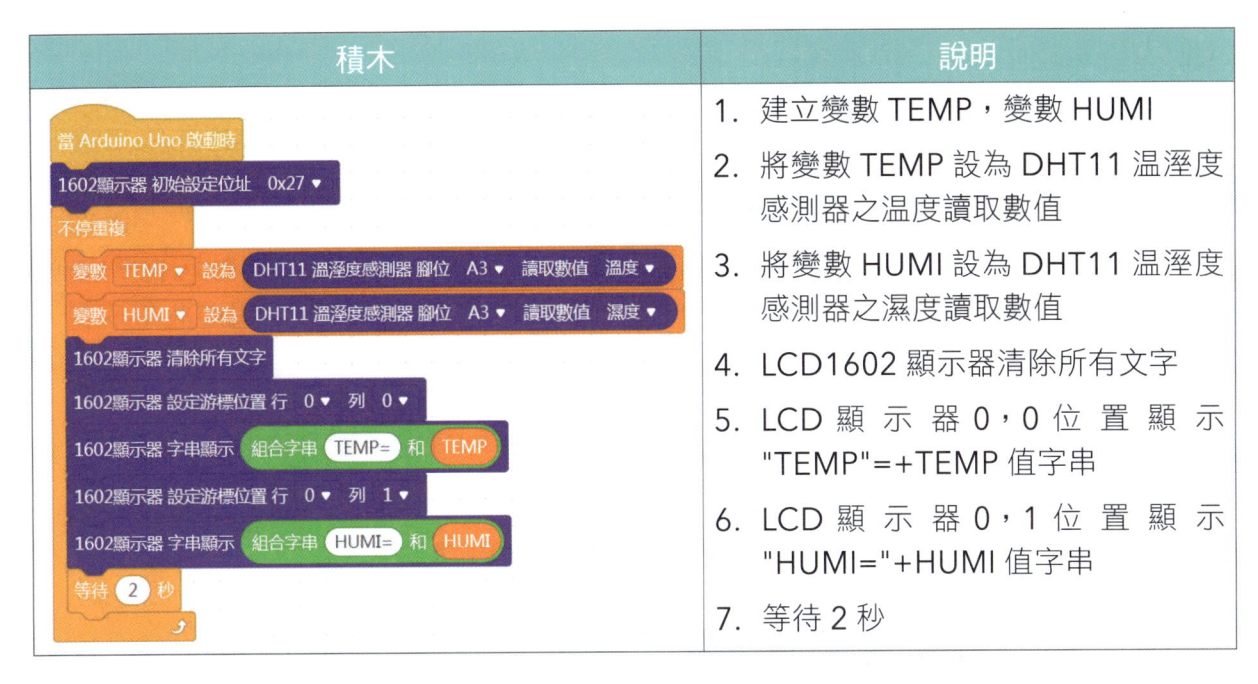

4. 執行結果：編輯完成後點選 [上傳]，實驗時可以用手指接觸 DHT11 感測器，觀察數值的變化。盡量不要對著 DHT11 感測器呼氣，這會導致水分會凝結在感測器上，影響偵測的精確度。

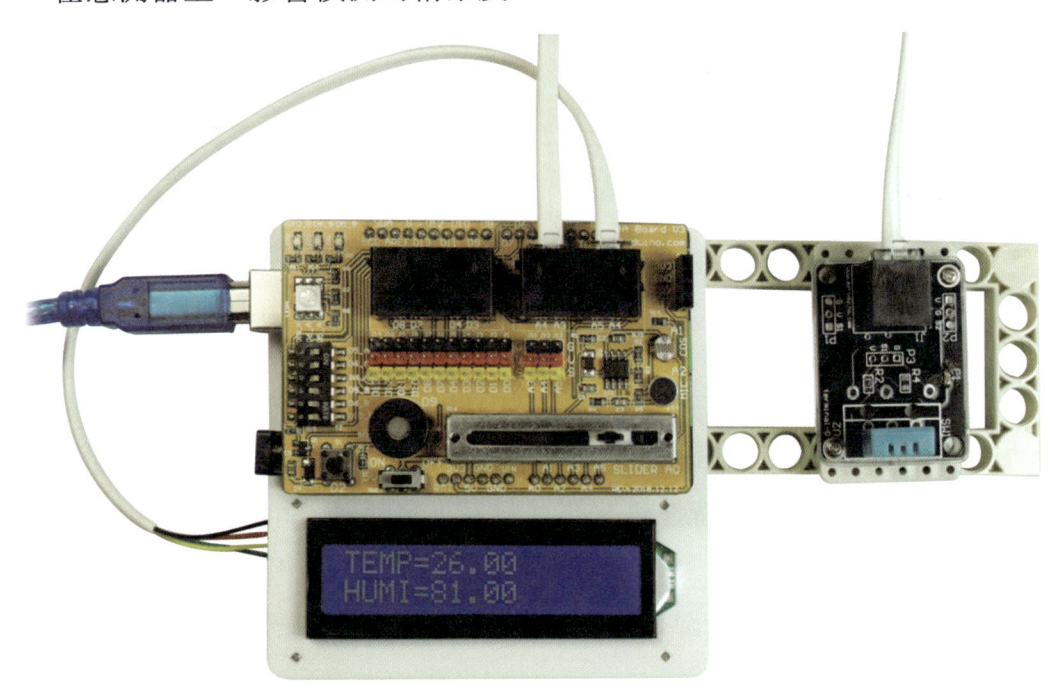

> **註** DHT11 感測器不適合在室外日曬雨淋，在室外使用情境下可以選用其他耐候型的溫溼度感測器。

4-9 直流馬達與控制

直流馬達是最常用的機構驅動元件，但是對於 Arduino Uno 控制板而言，它主要是用來輸入感測訊號並處理，然後輸出數位訊號或模擬類比訊號。Arduino Uno 控制板的每一支針腳，能輸出的電流量很小，最大也僅有 40mA，超過此電流量，就很容易當機或燒壞 Arduino 主控晶片。

因此，我們常使用外接的直流驅動模組，來驅動直流馬達，而 Arduino 只負責控制訊號的輸出。如下圖：左邊為 L298N 直流驅動模組（每通道最大驅動電流：2A），右邊為 L9110S 直流驅動模組（每通道最大驅動電流：0.8A）。

★ 圖 4-12　左為 L298N 直流驅動模組、右邊為 L9110S 直流驅動模組

IPOE G1 選用 Arduino Uno 相容之 Motoduino U1 控制板，Motoduino U1 是結合 Arduino Uno 和 L293D 馬達驅動晶片的一塊整合板，可以驅動兩顆直流馬達（電流最大到 1.2A）及利用 PWM 特性控制馬達轉速。Motoduino U1 完全相容於 Arduino UNO R3，大部分可以堆疊上去的 Arduino 擴充板都可以使用。右下角為配置外部輸入電源 5～12V，請注意要將跳線帽套在右側，才是使用外部電源 Ext.VCC。

Motoduino U1

D5/D6：控制轉速
D10/D11：控制正反轉

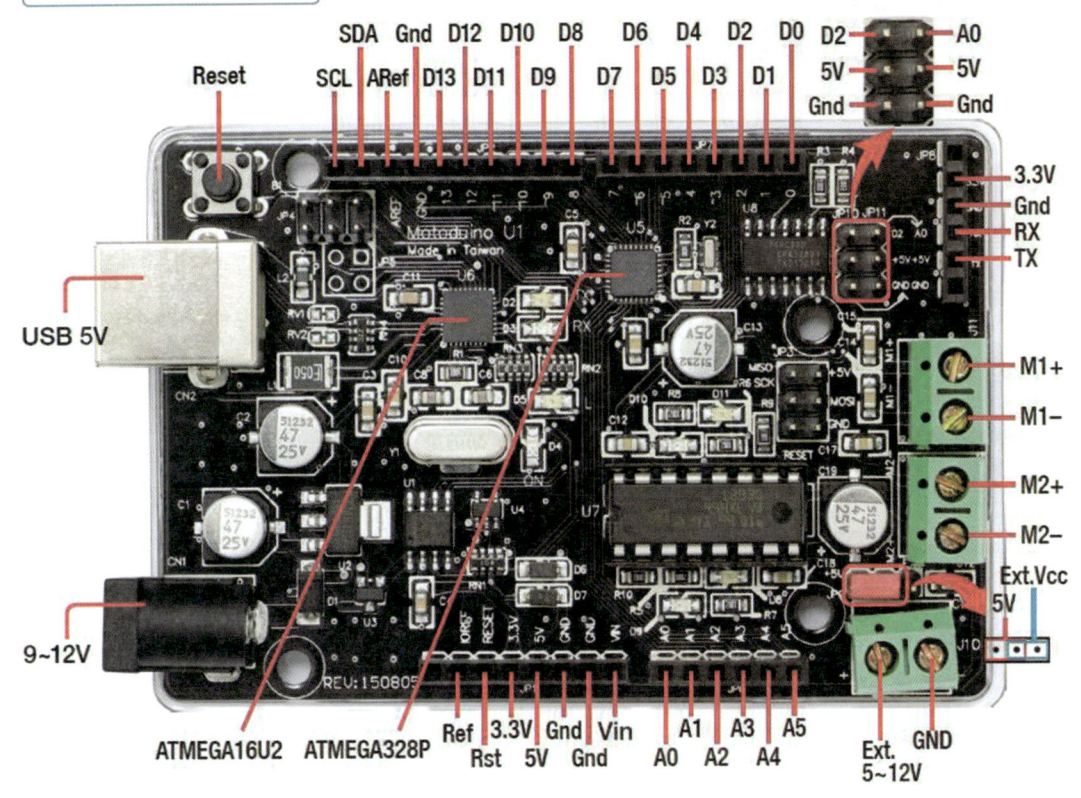

★ 圖 4-13　Motoduino U1 控制板腳位說明

以下我們先將 IPOE G1 控制板與直流馬達，使用積木組合起來。

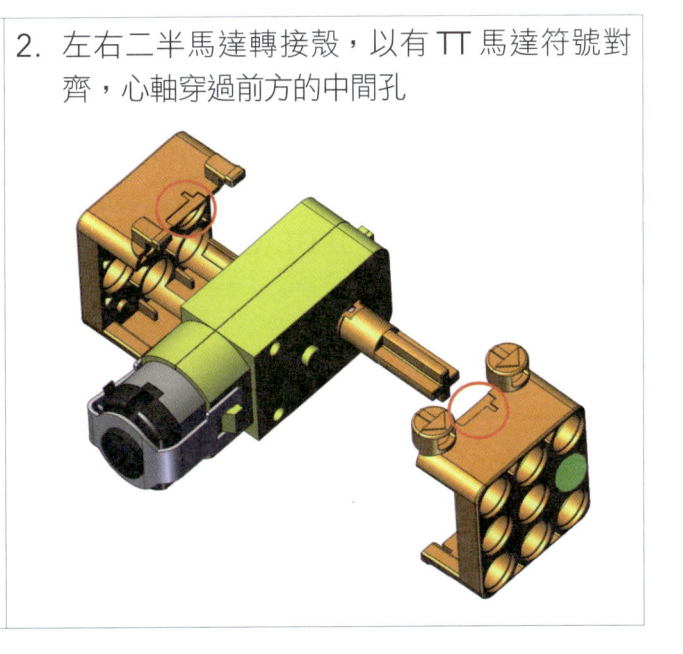

1. 馬達轉接殼組裝，先插上傳動軸	2. 左右二半馬達轉接殼，以有 TT 馬達符號對齊，心軸穿過前方的中間孔

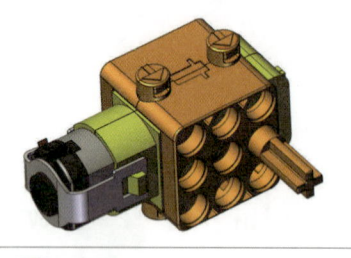	3. 組裝完成
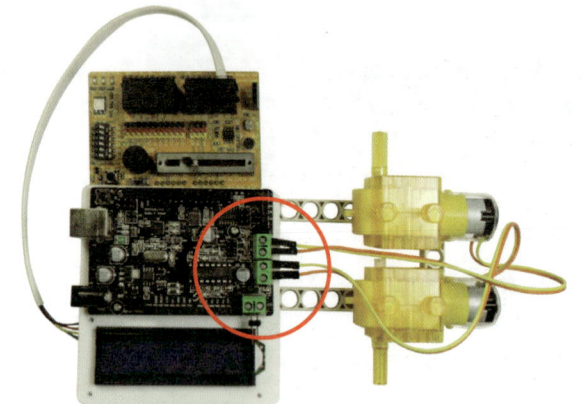	4. 拔下感測擴展板 5. 將直流馬達的電源線分別鎖在 M1 與 M2 的端子座 6. 跳線帽套在右側，使用外部電源 Ext.VCC 的端子座在右下方電源輸入的端子座，鎖上 2 支杜邦針腳作為連接外部供電接頭使用
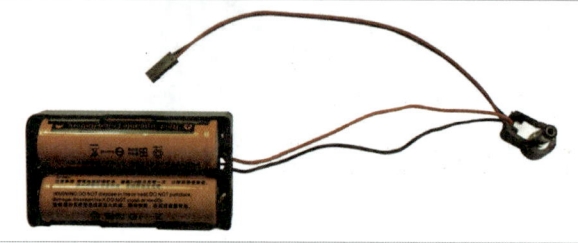	7. 外部電源使用 #18650*2，供應控制板與直流外部電源共用
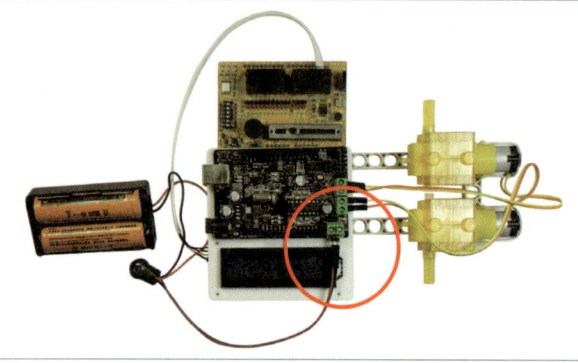	8. 將外部電源 Ext.VCC 杜邦母座插上。注意！左邊為 + 正電接腳，右邊為 GND 地線接腳 9. 完成，重新堆疊感測擴展板

Motoduino_IPOE-G1 專用程式積木，提供 L293D 直流馬達控制功能積木：

積木	說明
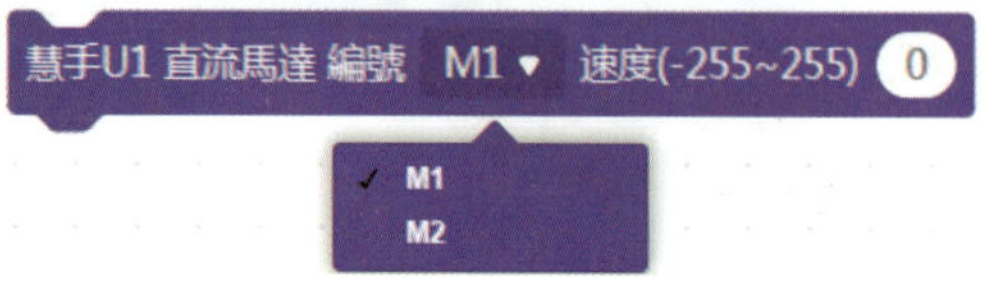 慧手U1 直流馬達 編號 M1▼ 速度(-255~255) 0 ✓ M1 　 M2	D5/D10 控制 M1 D6/D11 控制 M2 轉速控制 0 ～ 255 與 0 ～ –255，控制正反轉

範例 4-O 直流馬達控制轉速

1. 功能簡介：使用手動調整可變電阻 VR（A0）的值，用來控制 2 顆直流馬達；由於 A0 的輸入值範圍 0～1023，而輸出控制直流馬達速度值為 0～255。我們使用一個映射 map（）指令來達成。

2. 硬體準備：同 4-A，直流馬達接線在 M1/M2 端子台。

3. 程式 4-O 直流馬達控制轉速 .mblock

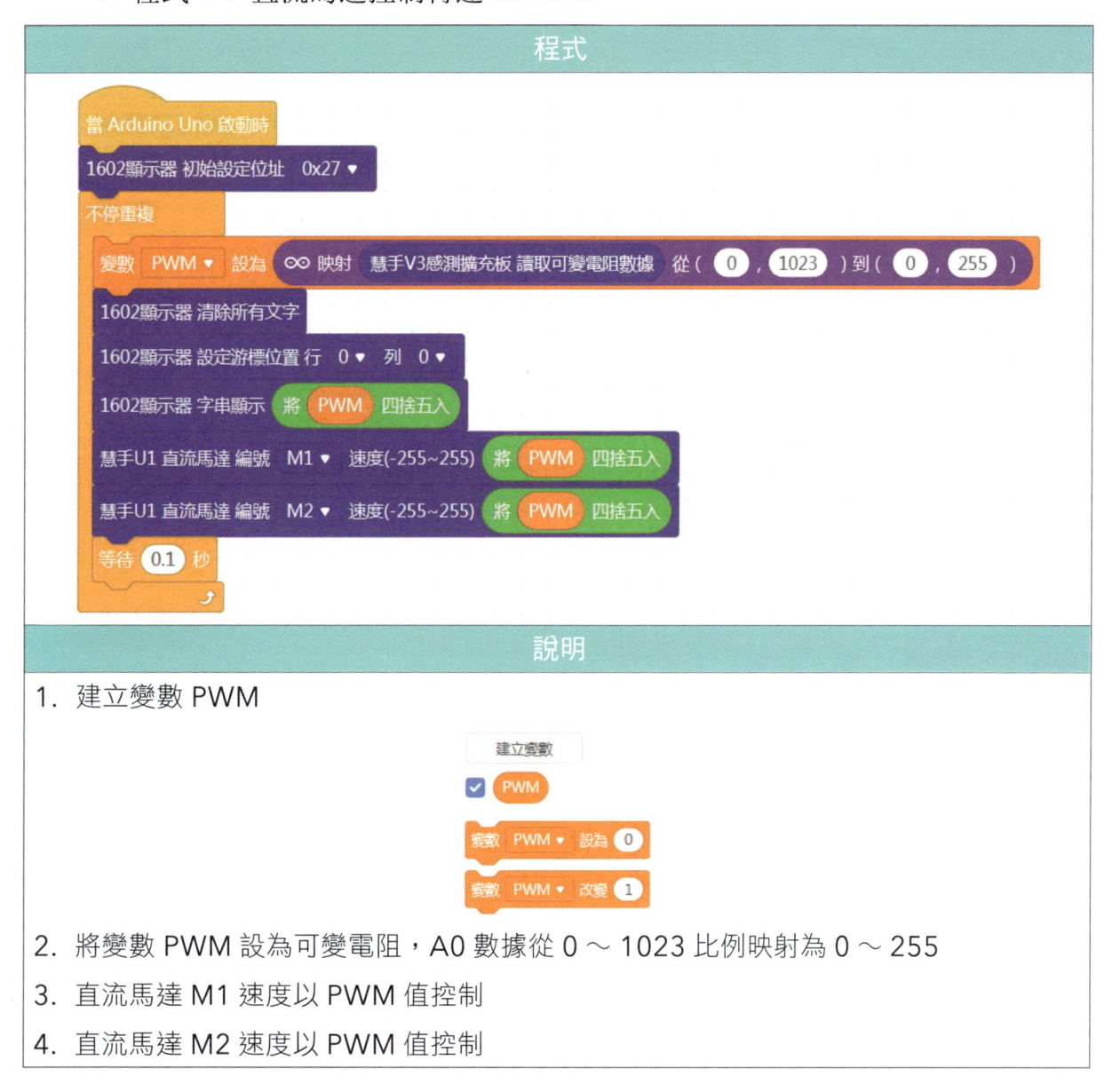

程式
當 Arduino Uno 啟動時 1602顯示器 初始設定位址 0x27 不停重複 　變數 PWM 設為 ∞ 映射 慧手V3感測擴充板 讀取可變電阻數據 從（0，1023）到（0，255） 　1602顯示器 清除所有文字 　1602顯示器 設定游標位置 行 0 列 0 　1602顯示器 字串顯示 將 PWM 四捨五入 　慧手U1 直流馬達 編號 M1 速度(-255~255) 將 PWM 四捨五入 　慧手U1 直流馬達 編號 M2 速度(-255~255) 將 PWM 四捨五入 　等待 0.1 秒

說明
1. 建立變數 PWM 建立變數 ☑ PWM 變數 PWM 設為 0 變數 PWM 改變 1 2. 將變數 PWM 設為可變電阻，A0 數據從 0～1023 比例映射為 0～255 3. 直流馬達 M1 速度以 PWM 值控制 4. 直流馬達 M2 速度以 PWM 值控制

4. 執行結果：編輯完成後點選 [上傳]，當由左向右拖曳滑桿式可變電阻，可觀察 2 顆到直流馬達一開始並沒有轉動，一直到 PWM 值約 80 左右開始轉動，向右拖曳到 PWM 顯示 255，2 顆直流馬達最快速轉動。

這是 PWM 模擬類比對應 0 ～ 255 值，將外部電源（約 7.4V）從 0V 慢慢調變到 7.4V，當 PWM=80 時，電壓約為 2.3V，直流馬達慢慢開始轉動。PWM=255 時直流馬達最快速轉動。不同的直流馬達多少有些差異值。這個程式也可以幫助我們找到控制自走車的適當 PWM 值。

> **註** 在組裝自走機器人時，M1 接左邊的馬達，M2 接右邊的馬達。當程式控制發現馬達轉向與設定相反時，只要將端子台的 2 支杜邦針腳互換位置即可。

Chapter 4 實力評量

選擇題

( ) 1. 超音波感測器可能受到以下哪種因素影響而失準？
　　(A) 場地吵雜聲音
　　(B) 透光玻璃
　　(C) 粗糙表面
　　(D) 水銀燈具。

( ) 2. 關於 1602 LCD 液晶顯示器，下列敘述何者錯誤？
　　(A) 透過 I2C 連接
　　(B) 通訊介面位址 0×27
　　(C) 可顯示文字訊息
　　(D) 可顯示 16 列 2 行的字元

( ) 3. 關於溫溼度感測器 DHT11，下列敘述何者錯誤？
　　(A) 只需要連結 1 個訊號腳位
　　(B) 可以測量水溫
　　(C) 抓取每筆測量資料僅需要間隔 3 秒
　　(D) 溫度測量精度大於 ±2 C。

( ) 4. 關於 Motoduino U1 直流馬達的控制，下列敘述何者錯誤？
　　(A) 每個馬達只需要連結 1 個訊號腳位
　　(B) 最大驅動電流 0.8A
　　(C) 外部供電電壓 5 ～ 12V
　　(D) 使用 PWM 訊號控制轉速。

( ) 5. 關於麥克風感測的使用，下列敘述何者正確？
　　(A) 屬於類比訊號
　　(B) 可以作為語音辨識
　　(C) 不會受到其他聲音源干擾
　　(D) 會收到超音波感測器發出的訊號。

Chapter 5

IPOE G1 積木機器人建構與應用

本章節次

5-1　IPOE G1 積木機器人車體組裝

5-2　IPOE G1 積木機器人車體運動控制

5-3　倒車雷達

在第 3、4 章,我們已經充分練習了 IPOE G1 控制器與感測板元件,並使用 mBlock5 圖控程式設計控制;本章將開始利用結構積木,組裝 IPOE G1 積木機器人,結合感測器、上傳燒錄、做各種離線控制應用。

5-1 IPOE G1 積木機器人車體組裝

組裝步驟如下:

Step.1 組裝 2 顆直流馬達與 13 公分超長框。

Step.2 組裝 3 孔超長條。

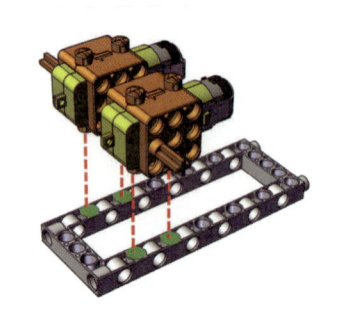

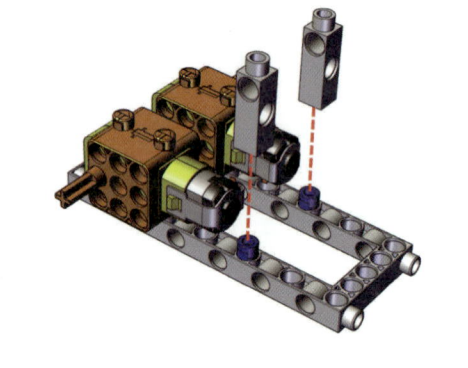

Step.3 組裝大長方框。

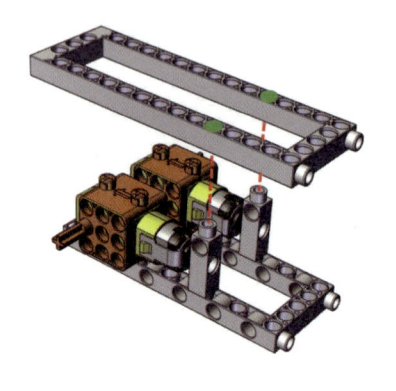

Step.4 組裝 2 顆車輪。

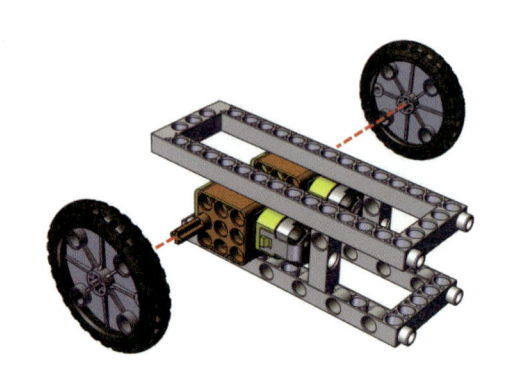

IPOE G1 積木機器人建構與應用

Step.5 組裝萬向滾珠輪。

Step.6 組裝 4 顆短結合鍵與方框。

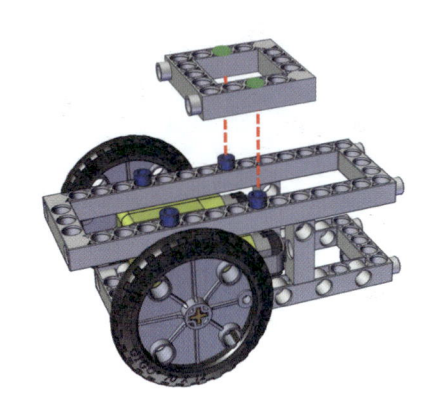

Step.7 組裝 2 顆短結合鍵。

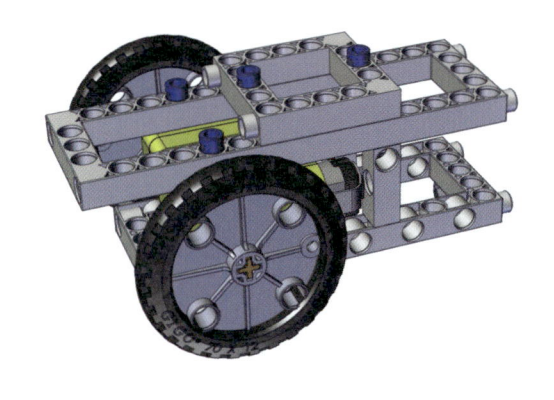

Step.8 組裝固定控制板模組。

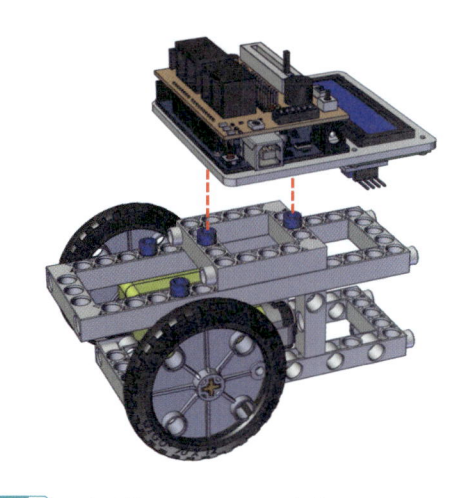

Step.9 組裝 5 孔長條。

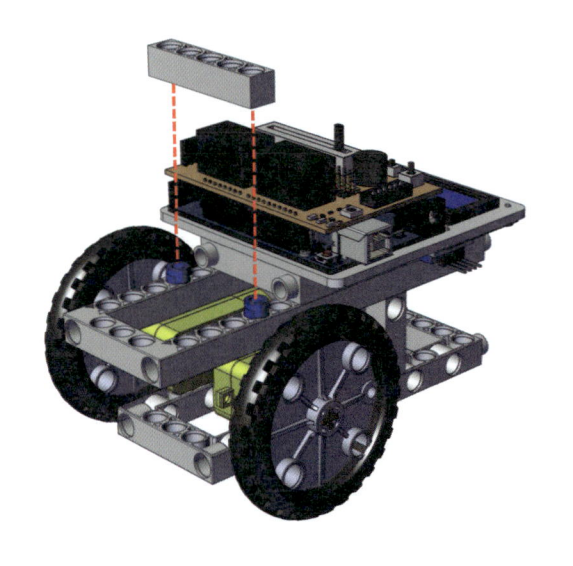

Step.10 組裝 #18650 電池座。

93

Step.11 完成。　　　　　　　　　　※ 離線執行時，使用鋰電池供電，主接頭
　　　　　　　　　　　　　　　　　　插於 U1 控制板，另一電源線供應直流馬
　　　　　　　　　　　　　　　　　　達驅動，注意正電插在左邊的針腳。

由於車體採 3 輪結構，驅動是前方 2 顆車輪，整體配重很重要；因此，隨著機器人車體的配備增減，配合主控板的重量，電池盒可以機動地裝置於車體前段或後段，維持車體重心與動力的平衡。

5-2 IPOE G1 積木機器人車體運動控制

積木機器人車體運動，以 2 顆直流馬達驅動，因此我們應用前一章直流馬達控制的程式，來控制車體的前後左右與停止，如果馬達轉向與程式不同，只要調轉端子台馬達的 2 條電源線即可。

範例 5-A　積木機器人車體運動控制

1. 功能簡介：設計程式，讓 IPOE G1 積木機器人以適當速度前進 1 秒鐘，左轉約 90 度，再前進 1 秒鐘，右轉約 90 度，再以繞圓圈方式運行 5 秒鐘，然後停止。
2. 硬體準備：IPOE G1 積木機器人車體。
3. 程式 5-A 積木機器人車體運動控制 .mblock

程式	說明
新增積木指令 GO LEFT RIGHT ROUND STOP	1. 依照題意，新增自定程式積木 GO、LEFT、RIGHT、ROUND 與 STOP，簡化程式
定義 GO 慧手U1 直流馬達 編號 M1 速度(-255~255) 150 慧手U1 直流馬達 編號 M2 速度(-255~255) 150	1. 副程式 GO，讓 2 顆直流馬達以 PWM 值 150 轉動，車體前進
定義 LEFT 慧手U1 直流馬達 編號 M1 速度(-255~255) -150 慧手U1 直流馬達 編號 M2 速度(-255~255) 150 等待 0.5 秒	2. 副程式 LEFT，左馬達反轉，右馬達正轉，持續 0.5 秒，時間可以再微調
定義 RIGHT 慧手U1 直流馬達 編號 M1 速度(-255~255) 150 慧手U1 直流馬達 編號 M2 速度(-255~255) -150 等待 0.5 秒	3. 副程式 RIGHT，左馬達正轉，右馬達反轉，持續 0.5 秒，時間可以再微調
定義 ROUND 慧手U1 直流馬達 編號 M1 速度(-255~255) 255 慧手U1 直流馬達 編號 M2 速度(-255~255) 80	4. 副程式 ROUND，左馬達 PWM 值 255 正轉，右馬達 PWM 值 80 正轉，做出速差，讓車體向右繞圓圈
定義 STOP 慧手U1 直流馬達 編號 M1 速度(-255~255) 0 慧手U1 直流馬達 編號 M2 速度(-255~255) 0	5. 副程式 STOP，讓 2 顆直流馬達 PWM 值 0，車體停止

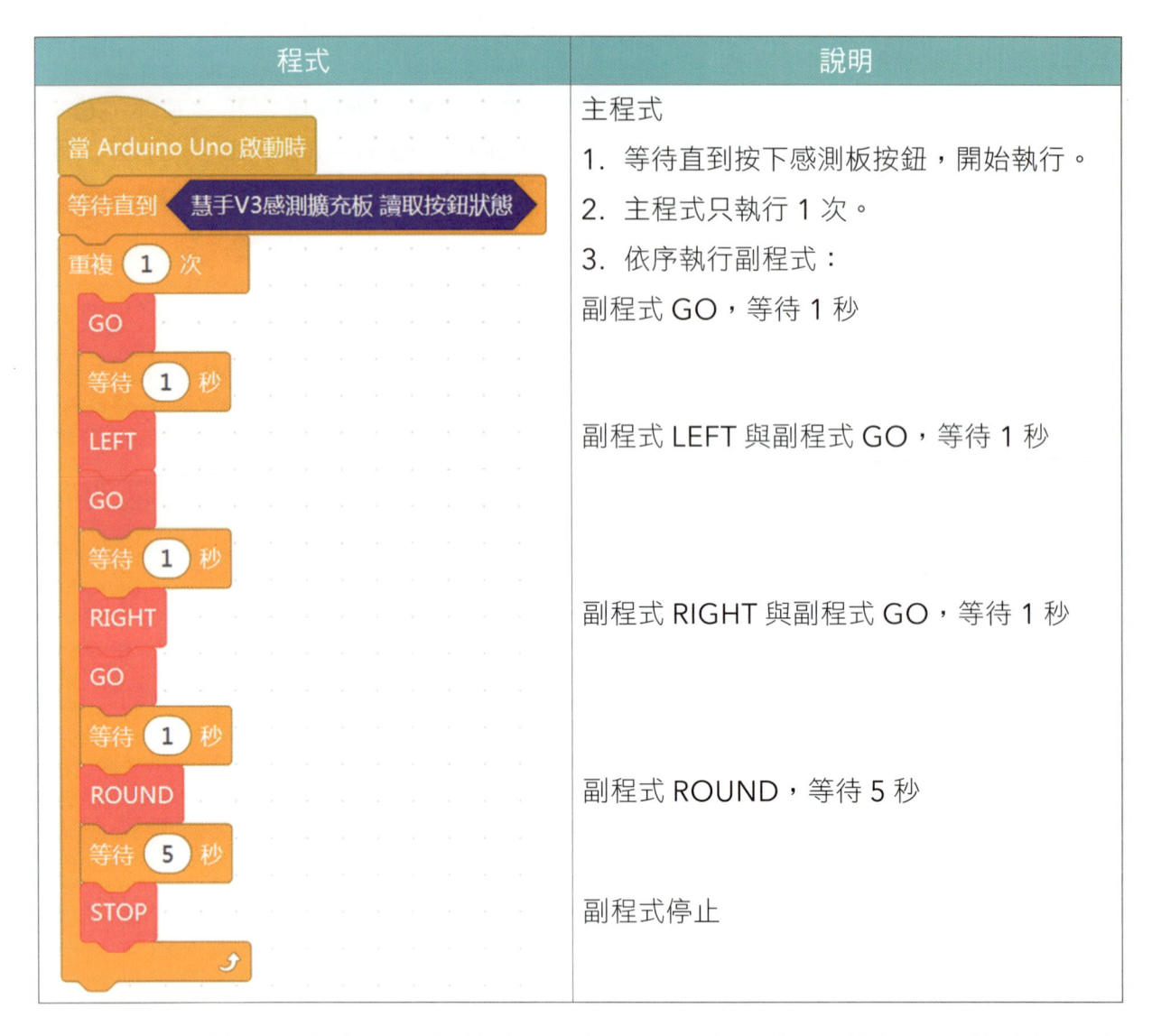

程式	說明
當 Arduino Uno 啟動時 等待直到 慧手V3感測擴充板 讀取按鈕狀態 重複 1 次 　GO 　等待 1 秒 　LEFT 　GO 　等待 1 秒 　RIGHT 　GO 　等待 1 秒 　ROUND 　等待 5 秒 　STOP	主程式 1. 等待直到按下感測板按鈕，開始執行。 2. 主程式只執行 1 次。 3. 依序執行副程式： 副程式 GO，等待 1 秒 副程式 LEFT 與副程式 GO，等待 1 秒 副程式 RIGHT 與副程式 GO，等待 1 秒 副程式 ROUND，等待 5 秒 副程式停止

4. 執行結果：連接 USB 傳輸線，上傳。此程式要按 D2 按鈕，開始執行。請觀察車體運動情形，再修正程式；直到能完全掌握車體運動的控制。

5-3 倒車雷達

範例 5-B 倒車雷達

1. 功能簡介：利用超音波的測距功能，我們設計一個倒車雷達程式，車移動時障礙物距離 100 公分以上，正常倒車；當距離障礙物 100 公分內發出嗶聲，越接近聲音越急促；當距離物體 10 公分，停車、發出長嗶聲 2 秒，然後停止。

2. 硬體準備：IPOE G1 積木機器人車體，為符合題意，將超音波感測器裝於後方，適當調整電池座與控制板的孔位，平衡重心。

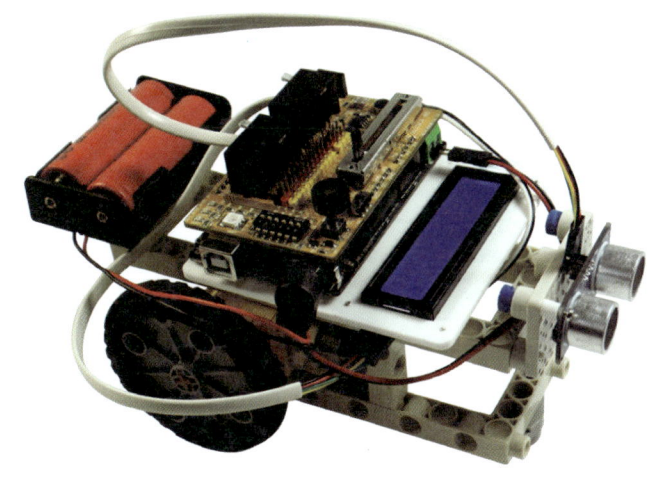

3. 程式 5-B 倒車雷達 .mblock

程式	說明
（程式積木圖）	1. 新增訂定程式積木 GO 與 STOP，簡化程式
	2. 副程式 GO，讓 2 顆直流馬達以 PWM 值 -120 轉動，車體後退
	3. 副程式 STOP，讓 2 顆直流馬達 PWM 值 0，車體停止

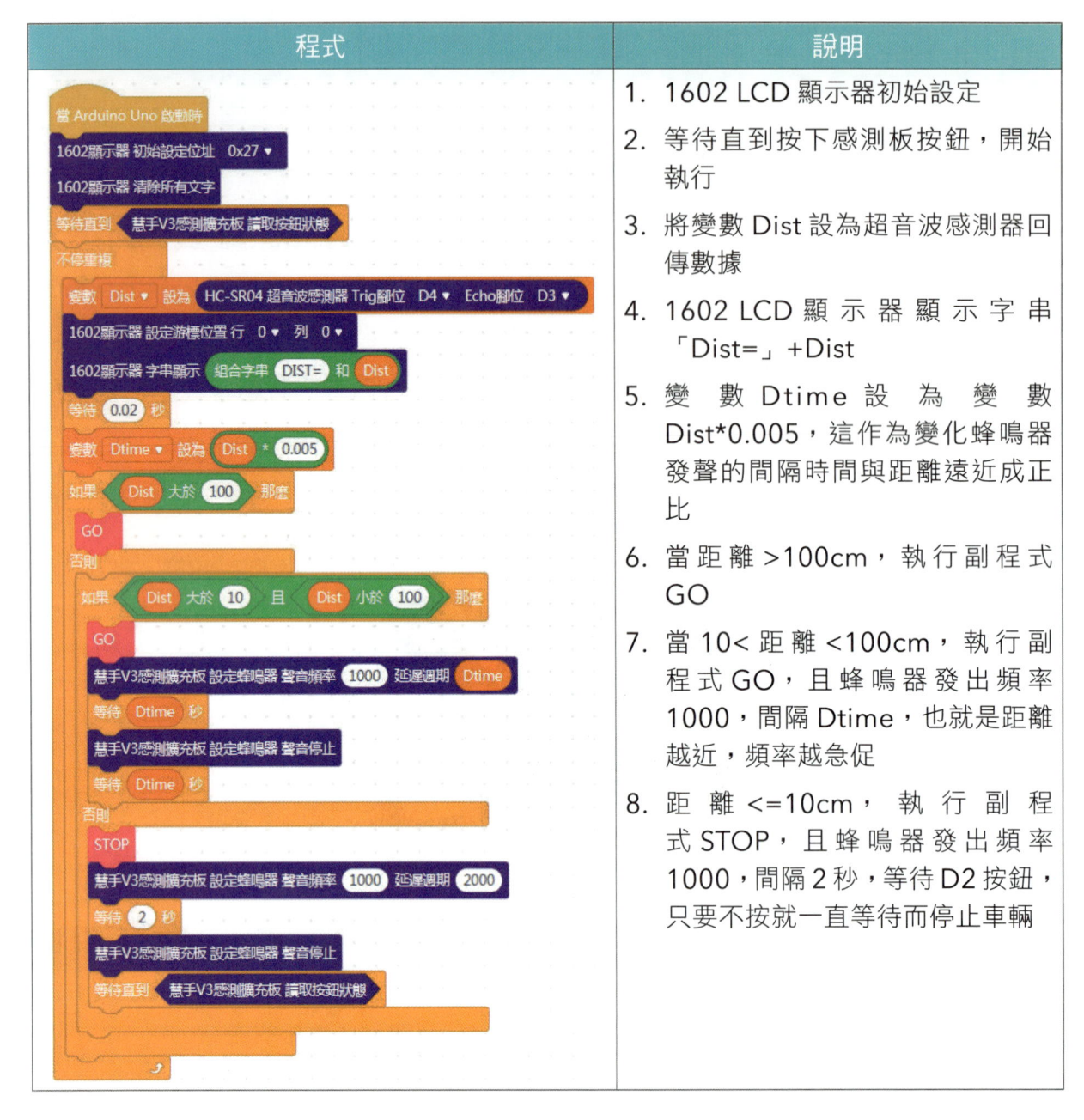

程式	說明
（積木程式圖）	1. 1602 LCD 顯示器初始設定
2. 等待直到按下感測板按鈕，開始執行
3. 將變數 Dist 設為超音波感測器回傳數據
4. 1602 LCD 顯示器顯示字串「Dist=」+Dist
5. 變數 Dtime 設為變數 Dist*0.005，這作為變化蜂鳴器發聲的間隔時間與距離遠近成正比
6. 當距離 >100cm，執行副程式 GO
7. 當 10< 距離 <100cm，執行副程式 GO，且蜂鳴器發出頻率 1000，間隔 Dtime，也就是距離越近，頻率越急促
8. 距離 <=10cm，執行副程式 STOP，且蜂鳴器發出頻率 1000，間隔 2 秒，等待 D2 按鈕，只要不按就一直等待而停止車輛

4. 執行結果：連接 USB 傳輸線，上傳。此程式要按按鈕 D2，才開始執行。請觀察程式執行情形，自走機器人車體往後退，當距離 < 100cm，開始發出警告嗶聲，隨著距離接近頻率越來越緊促，當距離 10cm，車體停止，長嗶聲 2 秒。

MLC 創客實作練習

題目名稱：倒車雷達

題目說明：

設計一個倒車雷達程式，車移動時障礙物距離 100 公分以上，正常倒車；當距離障礙物 100 公分內發出嗶聲，越接近聲音越急促；當距離物體 10 公分，停車、發出長嗶聲 2 秒，然後停止。

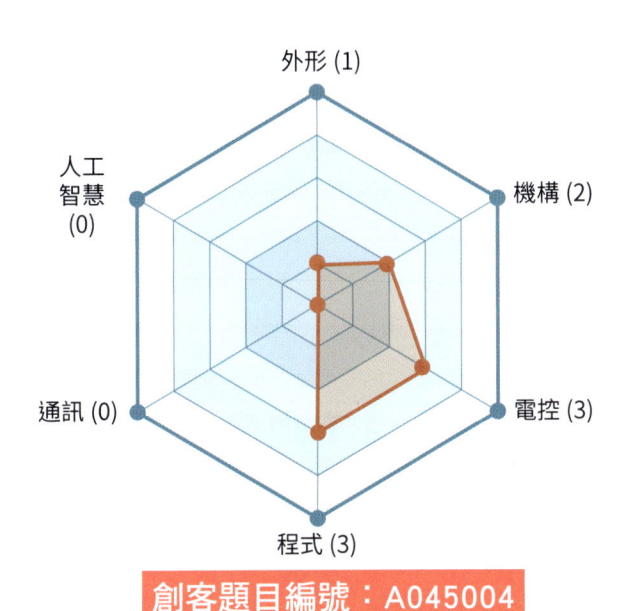

創客題目編號：A045004

創客學習力

實作時間：50min

創客指標	指數
外形（專業）	1
機構	2
電控	3
程式	3
通訊	0
人工智慧	0
創客總數	9

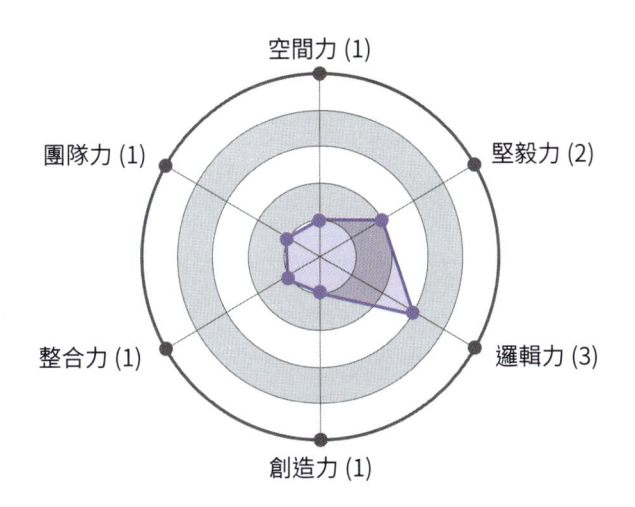

創客素養力

空間力	堅毅力	邏輯力	創造力	整合力	團隊力	素養總數
1	2	3	1	1	1	9

範例 5-C 倒車雷達智慧擺頭偵測避障機器人

1. 功能簡介：設計一台避障機器人車，應用超音波感測器，當前方有障礙物時，會偵測判斷左右的距離，選擇距離較大的一邊繼續前進。
2. 硬體準備：如下圖並按照組裝步驟，改造成智慧擺頭偵測避障機器人。

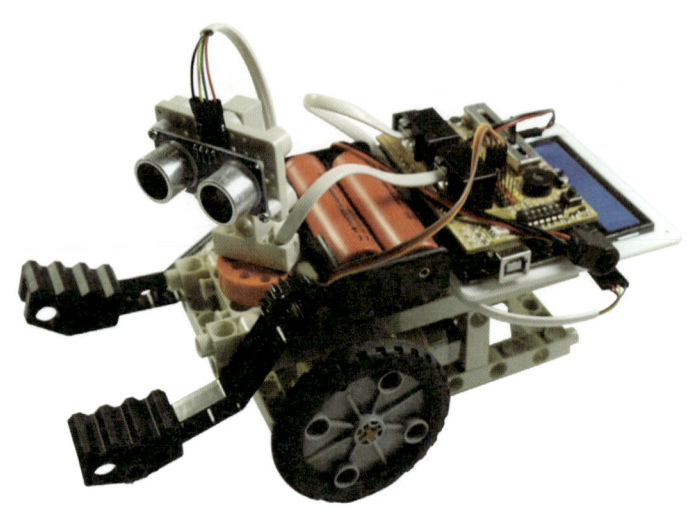

組裝步驟如下：

Step.1 將電池座與控制板往後移動組裝，前方留出 5 孔的空間。

Step.2 組裝 2 顆短結合鍵。

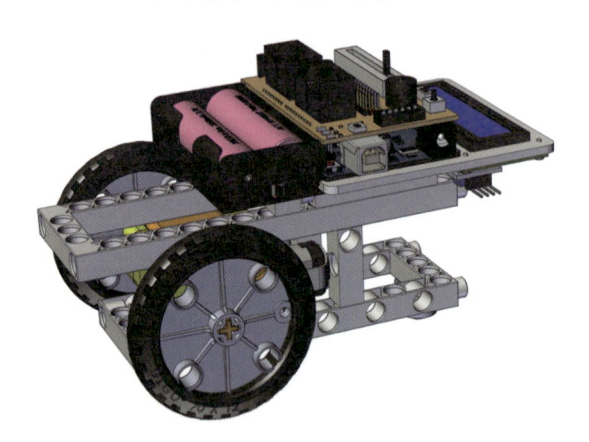

IPOE G1 積木機器人建構與應用

Step.3　組裝 2 支 5 孔超長條。

Step.4　組裝 2 顆短結合鍵，固定 3 孔長條。

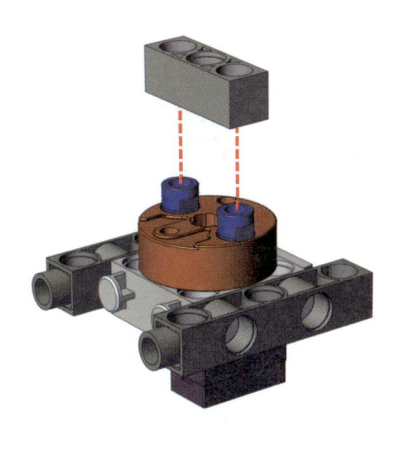

Step.5　組裝立柱 5 孔超長條。

Step.6　組裝 2 顆短結合鍵。

Step.7　組裝超音波感測器模組。

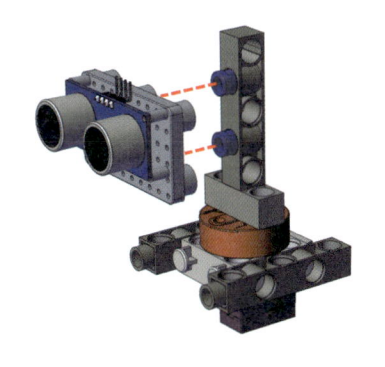

Step.8　大長方框組裝 2 顆短結合鍵。

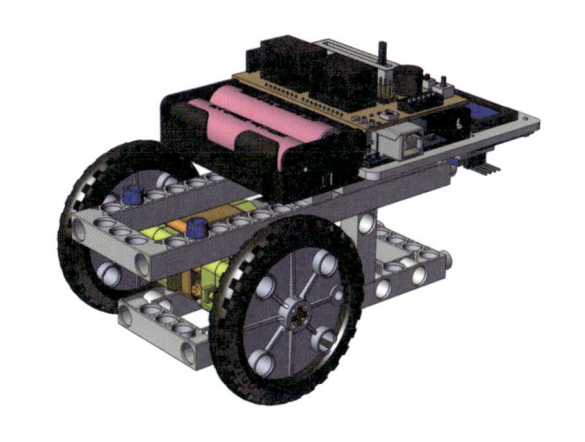

101

Arduino G1 積木機器人實作與 AI 應用

Step.9 具有轉動超音波感測器偵測功能的機器人。

Step.10 組裝 2 顆短結合鍵。

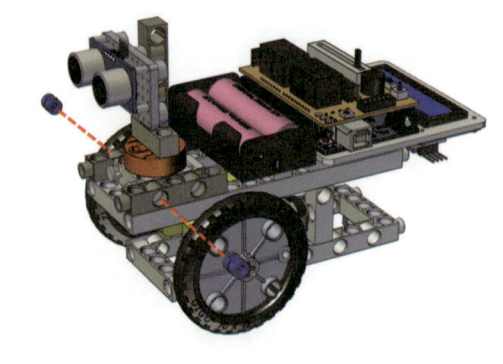

Step.11 夾爪裝上爪套，使用 2 根圓管固定。

Step.12 完成智慧擺頭偵測避障機器人，超音波模組接線插於 D3/D4 的插孔。

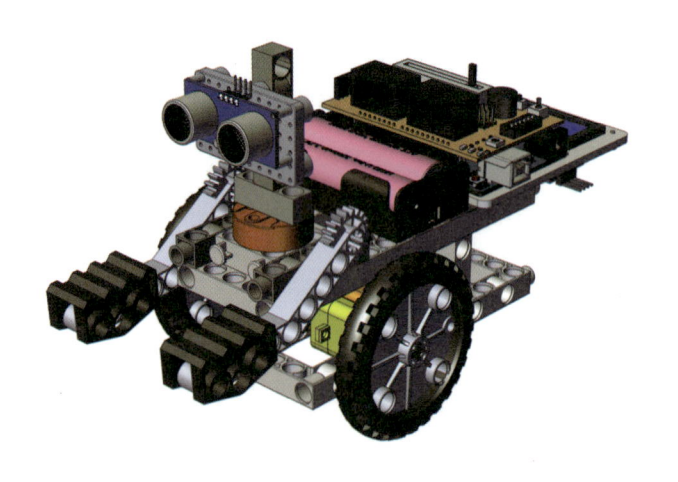

3. 程式 5-C 智慧擺頭偵測避障機器人 .mblock

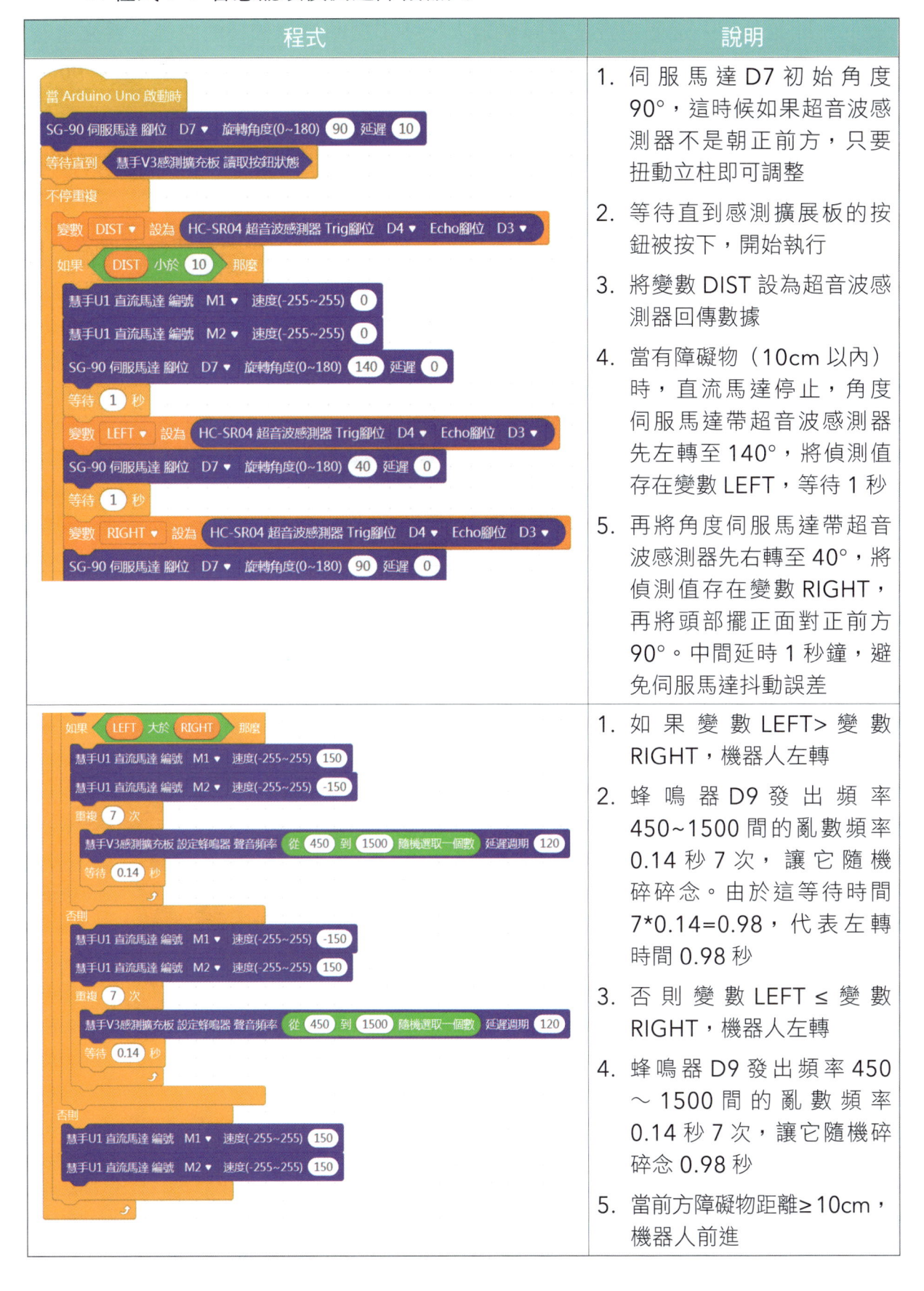

程式	說明
(積木程式：初始化與偵測區段)	1. 伺服馬達 D7 初始角度 90°，這時候如果超音波感測器不是朝正前方，只要扭動立柱即可調整 2. 等待直到感測擴展板的按鈕被按下，開始執行 3. 將變數 DIST 設為超音波感測器回傳數據 4. 當有障礙物（10cm 以內）時，直流馬達停止，角度伺服馬達帶超音波感測器先左轉至 140°，將偵測值存在變數 LEFT，等待 1 秒 5. 再將角度伺服馬達帶超音波感測器先右轉至 40°，將偵測值存在變數 RIGHT，再將頭部擺正面對正前方 90°。中間延時 1 秒鐘，避免伺服馬達抖動誤差
(積木程式：判斷與移動區段)	1. 如果變數 LEFT > 變數 RIGHT，機器人左轉 2. 蜂鳴器 D9 發出頻率 450~1500 間的亂數頻率 0.14 秒 7 次，讓它隨機碎碎念。由於這等待時間 7*0.14=0.98，代表左轉時間 0.98 秒 3. 否則變數 LEFT ≤ 變數 RIGHT，機器人左轉 4. 蜂鳴器 D9 發出頻率 450～1500 間的亂數頻率 0.14 秒 7 次，讓它隨機碎碎念 0.98 秒 5. 當前方障礙物距離 ≥10cm，機器人前進

4. 執行結果：連接 USB 傳輸線，上傳。此程式要按一下感測擴展板上的按鈕，開始執行。這個超音波避障機器人，多了擺頭選擇較長的路徑，看來有智慧多了。此模型也可以用來製作迷宮車，差別在於左右轉各為（0～90～180 度）。

自造時刻

使用建模軟體設計，3D 列印自造超音波感測器造型，使超音波避障機器人更加生動超有感。

1. 套上眼睛，像極了瓦力 WALL-E

2. 學生作品，瓦力的女友伊芙 EVE

3. 兔子造型

4. 學生作品，皮卡丘

5. 憤怒鳥 Angry Bird

Chapter 6

藍牙遙控與
智慧手機 APP 應用

本章節次

6-1　認識藍牙模組

6-2　手機配對 Arduino 藍牙模組

6-3　下載與安裝 iOS 與 Android 雙系統 App「BLE JoyStick」

6-4　「BLE JoyStick」使用說明

6-5　使用手機控制 IPOE G1 積木機器人

一支智慧型手機包含了 10 種以上感測裝置，例如加速度計、藍牙、USB、WiFi、網路瀏覽器等連接裝置，透過智慧型手機的應用程式 App，善加利用與 Arduino 的連結使用，就可以發揮極大的 Arduino 機電控制功能。

智慧型手機有二大操作系統，一是 APPLE 蘋果的 iOS 系統，另一個是基於開放平台的 Android 系統，二大系統的應用 App 並不相容，而且在 Android 系統下，免費的應用 App 更為豐富。基於 APPLE 的 iPhone 手機也十分普遍，IPOE G1 在 iOS 與 Android 系統都有提供免費的應用程式 App，讓使用者使用上更為方便。

6-1 認識藍牙模組

藍牙（Bluetooth）是目前常見的無線網路傳輸裝置，是非常低耗功率的傳輸設備，例如電腦、智慧型手機、甚至汽車的輪胎胎壓偵測訊號傳輸等應用。Android 系統所支援的藍牙規格在藍牙 2.0 以上即可，而 iOS 系統所支援的藍牙規格必須在藍牙 4.0 以上。因此，IPOE G1 積木機器人選用以外插方式的藍牙模組 HM-10 BLE 藍牙 4.0，作為控制板與手機等通訊的裝置，讓 iOS 與 Android 系統都能連接，傳輸速率設定為 9600 bps。

★ 圖 6-1　藍牙模組 HM-10 BLE

6-2 手機配對 Arduino 藍牙模組

開啟 Android 系統智慧手機藍牙功能，搜尋藍牙模組，當搜尋到藍牙名稱（名稱註記在藍牙模組），執行配對時，IPOE G1 控制板必須打開電源，未配對前藍牙模組應該會顯示快閃指示燈，輸入對應碼 pincode，一般是 1234（未修改前）。連接成功後，藍牙模組指示燈呈現慢閃狀態，這時就可以使用 App 與 IPOE G1 控制板進行通訊與控制。

★ 圖 6-2 藍牙模組與 Android 手機配對

6-3 下載與安裝 iOS 與 Android 雙系統 App「BLE JoyStick」

Android 手機請在 Google play 輸入「BLEJoyStick」並搜尋。

★ 圖 6-3 Android 手機安裝 App「BLEJoyStick」

至於使用 iOS 手機的讀者，請在 App Store 搜尋「BLEJoyStick」並取得安裝。iOS 作業系統在 iOS 14.X 之後，App 的藍牙設定必須在設定→隱私權→藍牙→將 App「BLEJoyStick」等應用藍牙模組設為 Enable，才能搜尋與配對到藍牙模組。

6-4 「BLE JoyStick」使用說明

這款 App 的操作畫面就像大家所熟悉的電動遊戲搖桿 Joystick，畫面有 8 個按鈕，關於畫面左上角的功能圖示，以下加以詳細說明：

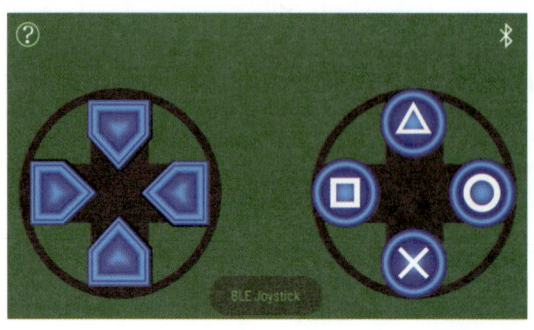

★ 圖 6-4　App「BLE JoyStick」主畫面

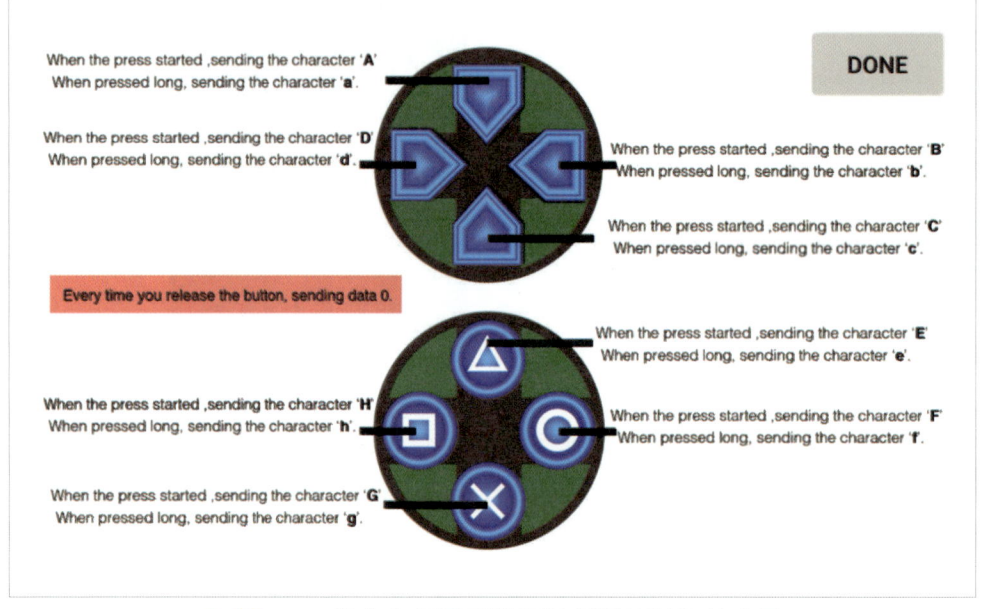

★ 圖 6-5　按左上角圖示說明按鈕對應輸出的字元

藍牙遙控與智慧手機 APP 應用

一 按鍵功能設定

下表為按鍵對應的字元，設定當按鍵被按下時，App 送出的命令字元。

★ 表 6-1　按鍵對應字元表

圖示	對應	圖示	對應
 ▽	按一下 = A 長按 = a	 △	按一下 = E 長按 = e
 ◁	按一下 = B 長按 = b	 ◎	按一下 = F 長按 = f
 △	按一下 = C 長按 = c	 ✕	按一下 = G 長按 = g
 ▷	按一下 = D 長按 = d	 ▢	按一下 = H 長按 = h
放開按鈕，送出字元 ' 0 '			

二 連結藍牙模組

按下右上角的藍牙符號，App 會開始搜尋與連結藍牙模組，請記得自己的藍牙模組名稱，並點選開始連結。連結成功時，控制板上藍牙模組的指示燈會由慢閃轉為長亮，而 App 畫面的搖桿符號，會轉變為多 2 個亮白點  。

三 測試藍牙 APP 與 Arduino 連線功能

範例 6-A　藍牙遙控測試

1. 功能簡介：使用 App「BLEJoyStick」，控制感測板上 RGB LED。
2. 硬體準備：IPOE G1 控制板，請先不要插上藍牙模組。

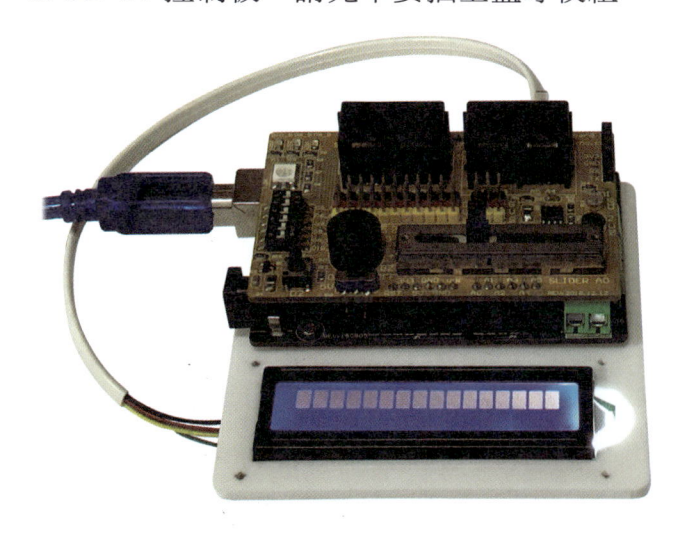

3. 程式 6-A 藍牙遙控測試 .mblock

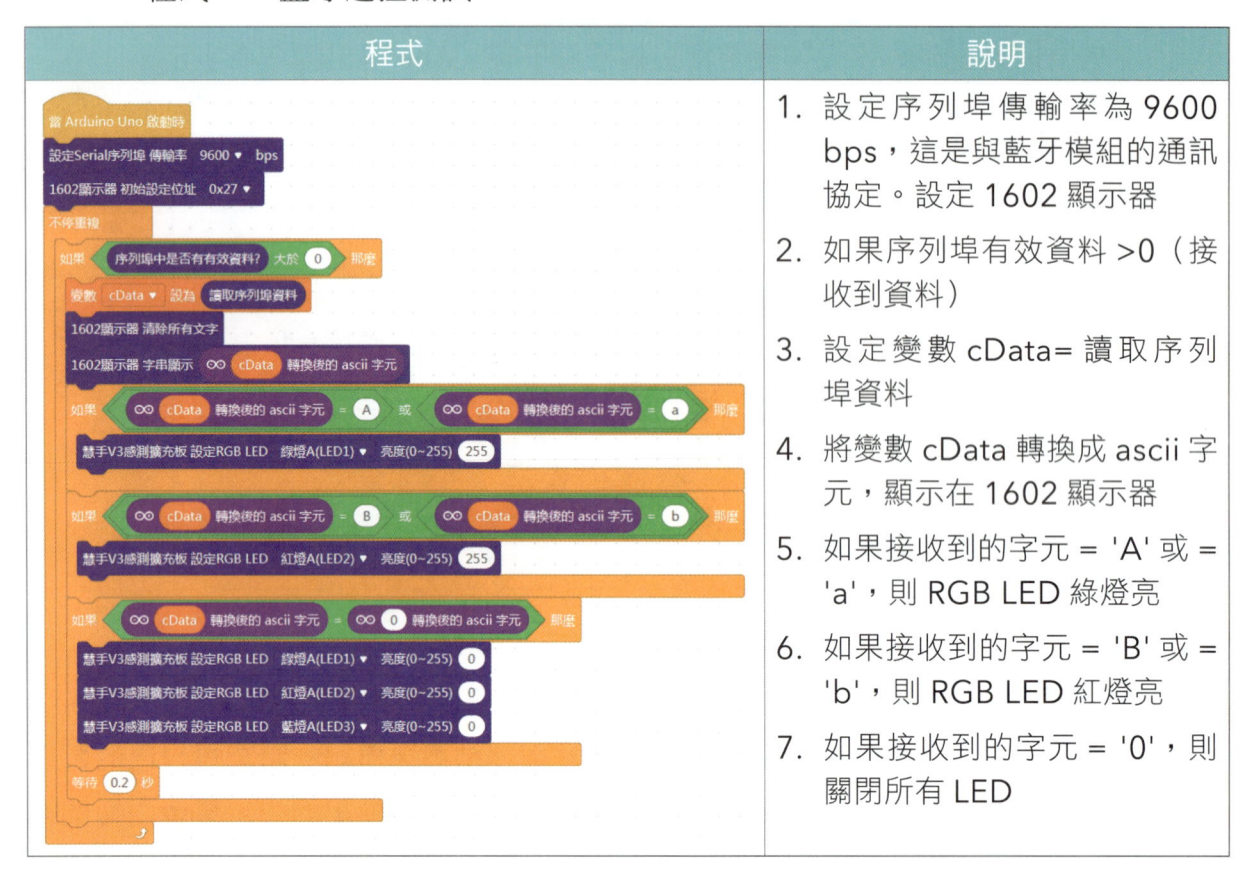

程式	說明
(程式積木圖)	1. 設定序列埠傳輸率為 9600 bps，這是與藍牙模組的通訊協定。設定 1602 顯示器 2. 如果序列埠有效資料 >0（接收到資料） 3. 設定變數 cData= 讀取序列埠資料 4. 將變數 cData 轉換成 ascii 字元，顯示在 1602 顯示器 5. 如果接收到的字元 = 'A' 或 = 'a'，則 RGB LED 綠燈亮 6. 如果接收到的字元 = 'B' 或 = 'b'，則 RGB LED 紅燈亮 7. 如果接收到的字元 = '0'，則關閉所有 LED

4. 執行結果：

(1) 上傳燒錄程式，在上傳時不能插上藍牙模組，否則會因為腳位衝突無法上傳燒錄。

(2) 上傳完成後插上藍牙模組，請注意將藍牙模組插在感測板的後方 4P 母座，6P 的藍牙模組左右會露出 1 支針腳，藍牙模組 VCC → 感測板腳位 3V3，GND → GND，TXD → RX，RXD → TX，如下圖。

(3) 此時藍牙模組應該慢閃紅燈。

(4) 手機執行 App「BLEJoyStick」，連線成功後，藍牙模組紅燈長亮。

(5) 請按 ▽、◁ 控制 RGB LED 亮，當放開畫面按鈕（送出字元 '0'）LED 熄滅。

> **註**
> 對於程式中，變數 cData 必須轉換成 ascii 字元，數值 0 也必須轉換成 ascii 字元，才能互相比較，原因是 mBlock 簡化了變數的資料型態，數值型的變數僅有「浮點數 float」型態，字元型的變數僅有「字串 string」型態；因此引用變數時，需要注意必須轉換型態。另外 Arduino 在序列埠傳輸，每次僅讀取一個字元，如果接收到字串，必須再將字元串接成 1 個字串，才能接續處理。

四 手機藍牙終端機模式與 Arduino 互動

我們可以藉由發送出自訂指令給 Arduino BLE 藍牙模組，控制 Arduino。那麼反過來，可不可以讓 Arduino 透過 BLE 藍牙模組輸出的訊息，讓手機接收與顯示呢？透過 App 終端機 BLE Terminal，就可以讓我們在利用 Arduino 做長時間的實驗，有需要獲得訊息時，再使用 App 終端機 BLE Terminal 去讀取即可。

下載與安裝 APP

App「BLE Terminal」可以在 iOS 與 Android 雙系統下載與安裝，在 iOS 系統的 App store 取得 ，在 Android 系統的 google play 取得，請搜尋。

⭐ 圖 6-6　Andriod 手機安裝 App「BLE Terminal」

應用程式 App「BLE Terminal」的特點

- 掃描附近 BLE 設備，透過智慧型手機使用的任何 BLE 模組，控制任何微控制器。
- 發送 TX 和接收 RX 數據到分離的控制板。
- 可自行定義您的頻繁發送相同數據的按鈕。

- 可以 ASCII 或 HEX 格式監控接收的數據。
- 可以 ASCII 或 HEX 格式發送數據。
- 可選擇發送數據的結束 \r\n。
- 在發送的數據只需長按數據的簡單複製選項。
- 可儲存發送接收和發送數據的紀錄文件。

五 手機藍牙終端機模式控制開關燈與讀取 Arduino 溫溼度感測值

範例 6-B　藍牙終端機模式互動

1. 功能簡介：以 App「BLE Terminal」，控制感測板上 RGB LED，以及讀取 Arduino 溫溼度感測值。
2. 硬體準備：IPOE G1 控制板，DHT11 溫濕度感測器的 RJ11 線插在 A3A4 插孔（連接 A3），請先不要插上藍牙模組。

藍牙遙控與智慧手機 APP 應用

3. 程式 6-B 藍牙終端機模式互動 .mblock

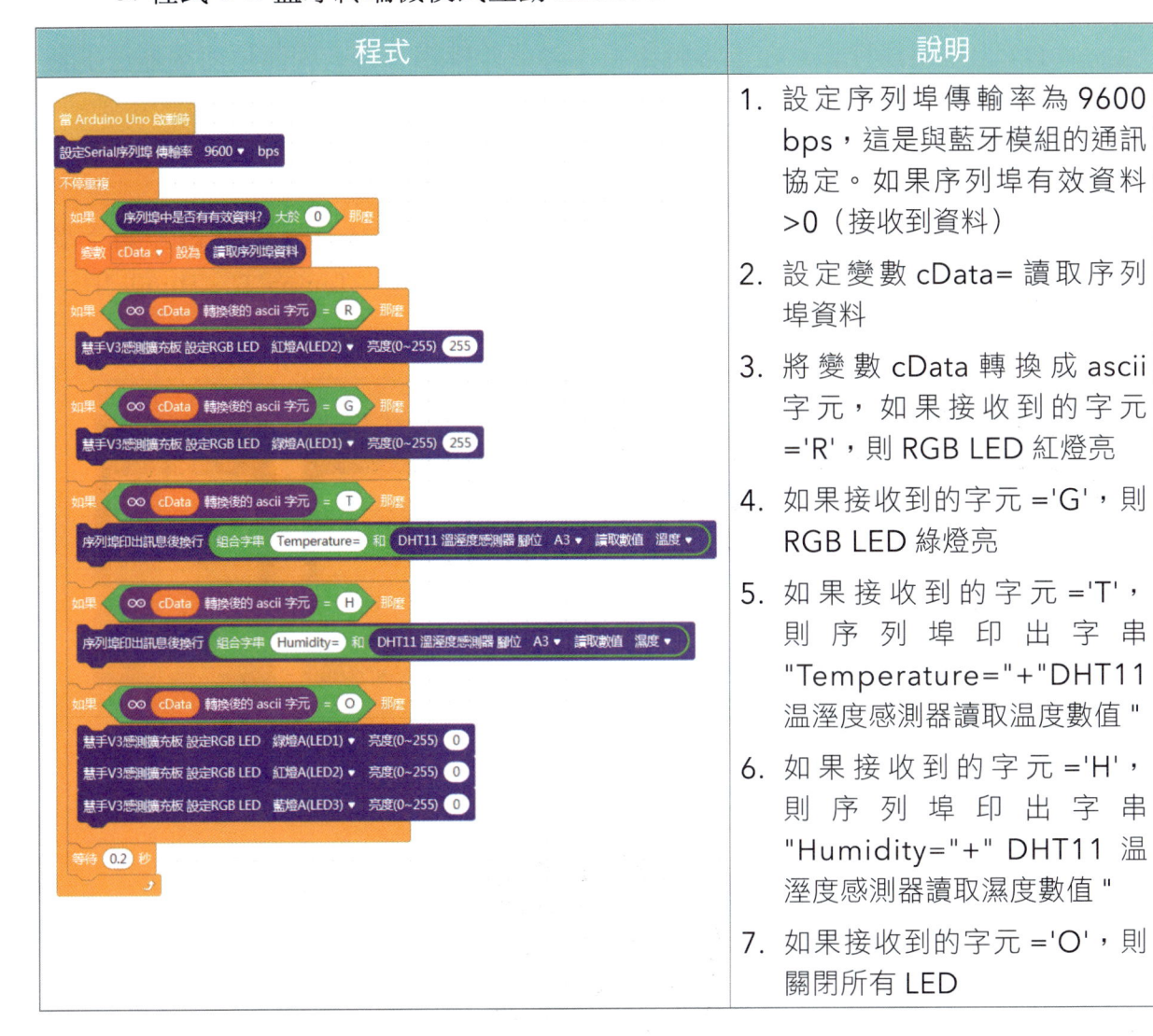

程式	說明
	1. 設定序列埠傳輸率為 9600 bps，這是與藍牙模組的通訊協定。如果序列埠有效資料 >0（接收到資料）
2. 設定變數 cData= 讀取序列埠資料
3. 將變數 cData 轉換成 ascii 字元，如果接收到的字元 ='R'，則 RGB LED 紅燈亮
4. 如果接收到的字元 ='G'，則 RGB LED 綠燈亮
5. 如果接收到的字元 ='T'，則序列埠印出字串 "Temperature="+"DHT11 溫溼度感測器讀取溫度數值"
6. 如果接收到的字元 ='H'，則序列埠印出字串 "Humidity="+" DHT11 溫溼度感測器讀取濕度數值"
7. 如果接收到的字元 ='O'，則關閉所有 LED

4. 執行結果：

(1) 上傳燒錄程式，在上傳時必須拔起藍牙模組，否則因腳位衝突無法上傳燒錄。

(2) 插上藍牙模組，請注意藍牙模組針腳對應位置。

(3) 手機開啟 App「BLE Terminal」，掃描連結 BLE 藍牙模組，如下圖長按 App 下方功能鍵，自定義 5 個功能鍵，Temp='T'，Humi='H'，Red='R'，Green='G'，Off='O'。

當按下下方功能鍵，或者鍵入相對應的字元，即可以與 Arduino 做通訊的互動。

「BLE Terminal」功能鍵還可以設定定時自動發送字元，讓我們可以定時蒐集 Arduino 感測的資料，並且可以將回傳資料以文字檔格式打包成 Log file，傳送到我們指定的位置儲存。當我們使用 Arduino 做創意科學實驗數據收集時，是很有效率的應用方式。

6-5 使用手機控制 IPOE G1 積木機器人

應用第 5 章的輪系機器人，改裝成具有夾爪的搬運型機器人，並使用手機藍牙遙控。

一、組裝步驟

1. 組裝夾爪

Step.1 將 2 凸 1 孔與 90 度連接器左，結合在一起。

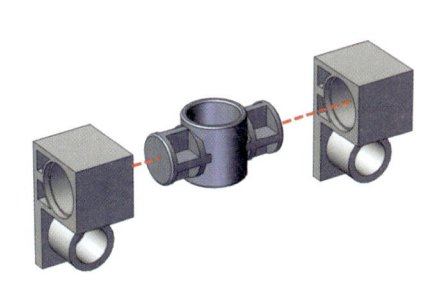

Step.2 結合 35mm 軸。

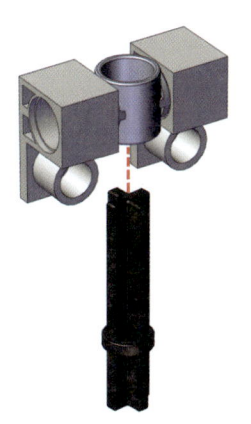

Step.3 將 3 孔長條與 90 度連接器左，結合在一起。

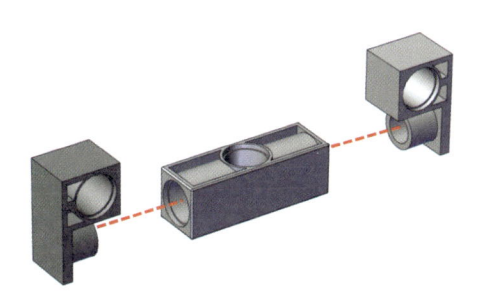

Step.4 2 部分結合，2 凸 1 孔與軸要傾斜套入孔中再輕移組裝。

Step.5 與伺服馬達結合。

Step.6 請先將伺服馬達轉盤順時針轉到底,再轉回約 90 度,套上夾爪 A、B,右邊使用馬達短軸組合,注意二邊的夾爪位置要對稱。

Step.7 套上夾爪套,並用 20mm 圓管組合。

Step.8 夾爪部分完成。

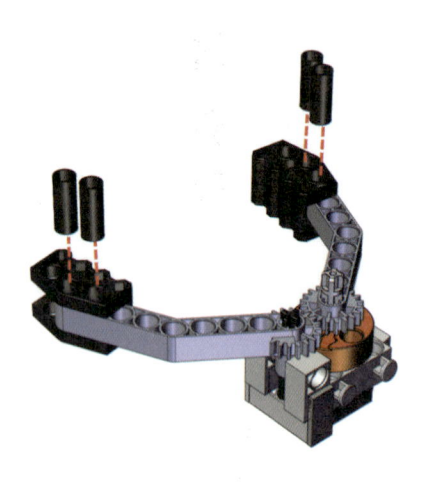

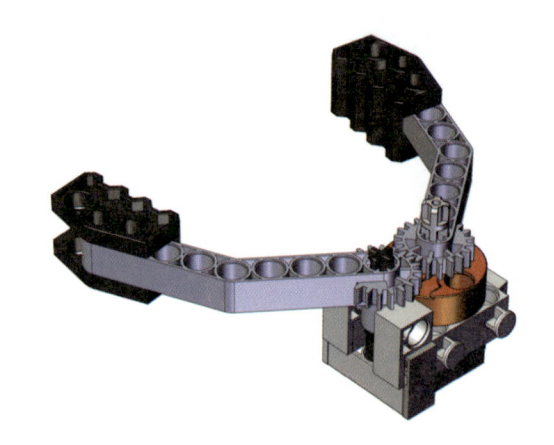

2. 車體改裝

Step.1 將原來的車體，短結合件組合 7 孔圓長條。

Step.2 組裝 2 個 90 度連結器 – 後。

Step.3 車體組裝夾爪部分。

Step.4 完成藍牙遙控夾爪機器人。

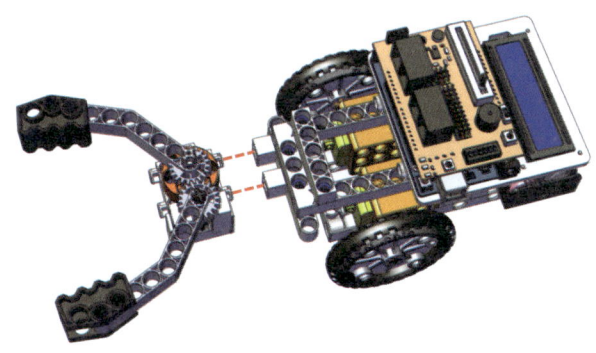

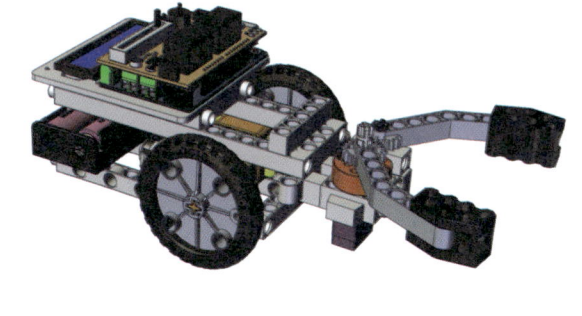

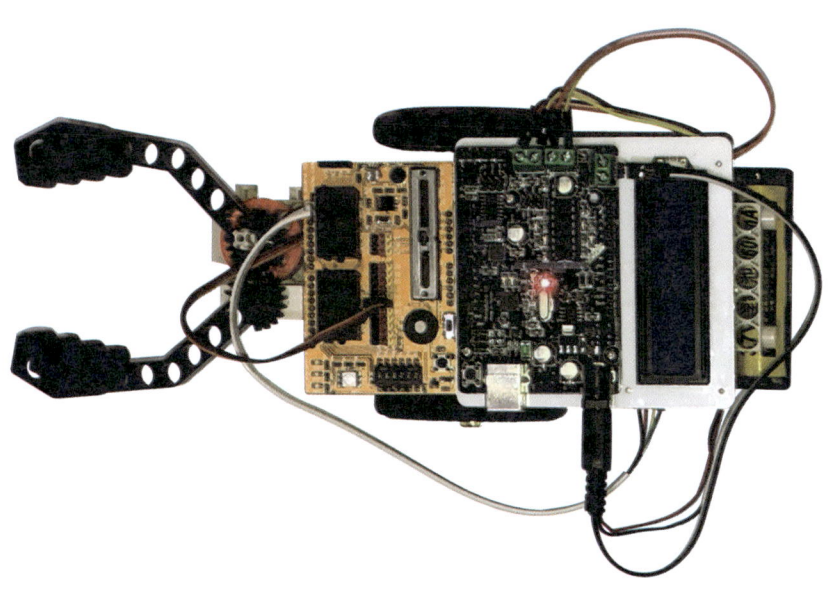

① 馬達接電源端子，右上為 M1 左馬達，右下為 M2 右馬達。

② 執行時如果發現馬達轉向不符合時，只要在端子台對調馬達接線即可。

③ 下方為馬達外部供電，請注意下左方為 + 電接頭，下右方為 GND – 電接頭。

二 編寫藍牙控制程式

範例 6-C 藍牙遙控夾爪車

1. 功能簡介：設計程式，使用藍牙控制積木機器人運動，以及夾爪夾持物品功能。
2. 硬體準備：具有夾爪的搬運型機器人。
3. 程式 6-C 藍牙遙控夾爪車 .mblock

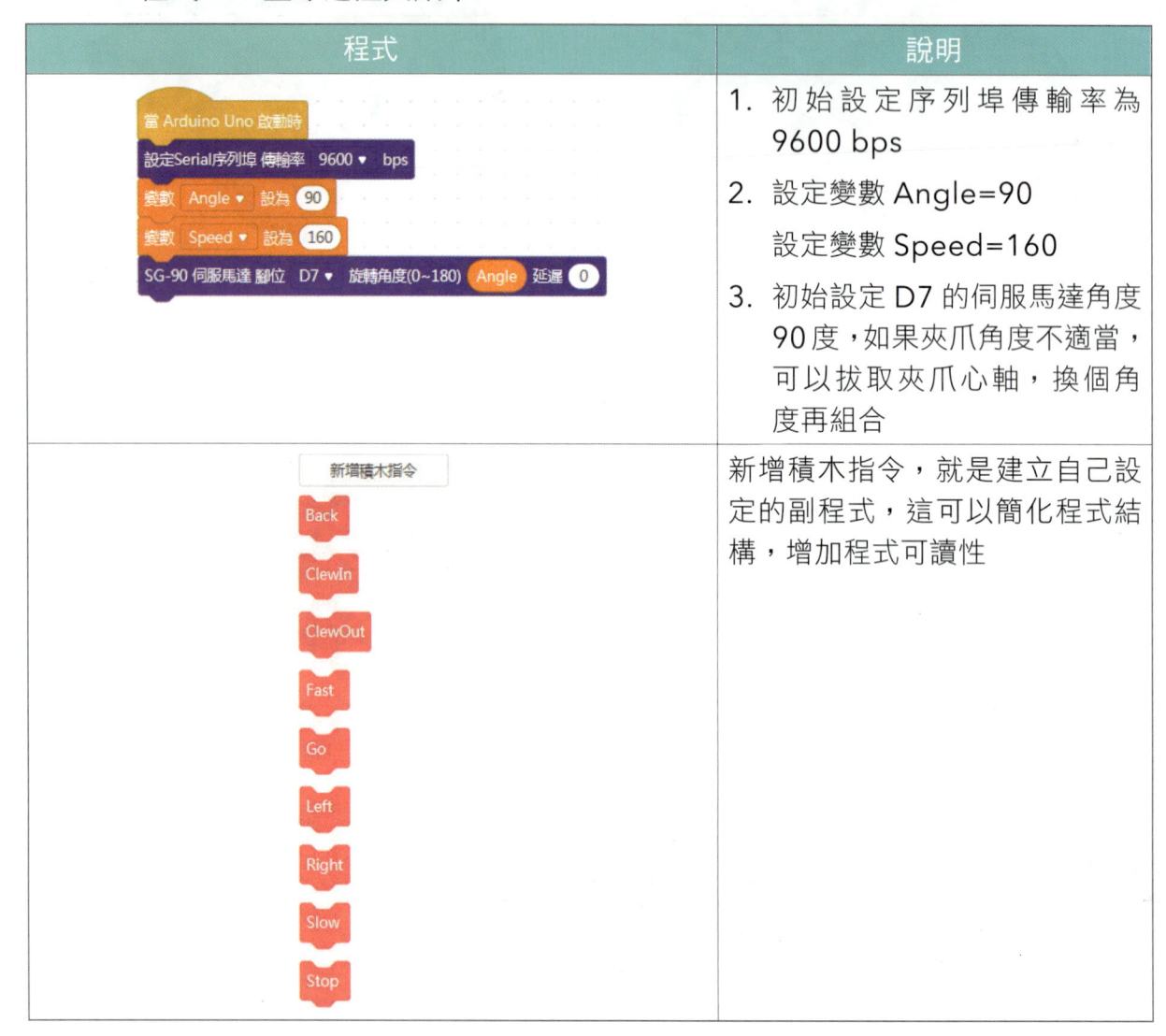

程式	說明
當 Arduino Uno 啟動時 設定Serial序列埠 傳輸率 9600▼ bps 變數 Angle▼ 設為 90 變數 Speed▼ 設為 160 SG-90 伺服馬達 腳位 D7▼ 旋轉角度(0~180) Angle 延遲 0	1. 初始設定序列埠傳輸率為 9600 bps 2. 設定變數 Angle=90 　設定變數 Speed=160 3. 初始設定 D7 的伺服馬達角度 90 度，如果夾爪角度不適當，可以拔取夾爪心軸，換個角度再組合
新增積木指令 Back ClewIn ClewOut Fast Go Left Right Slow Stop	新增積木指令，就是建立自己設定的副程式，這可以簡化程式結構，增加程式可讀性

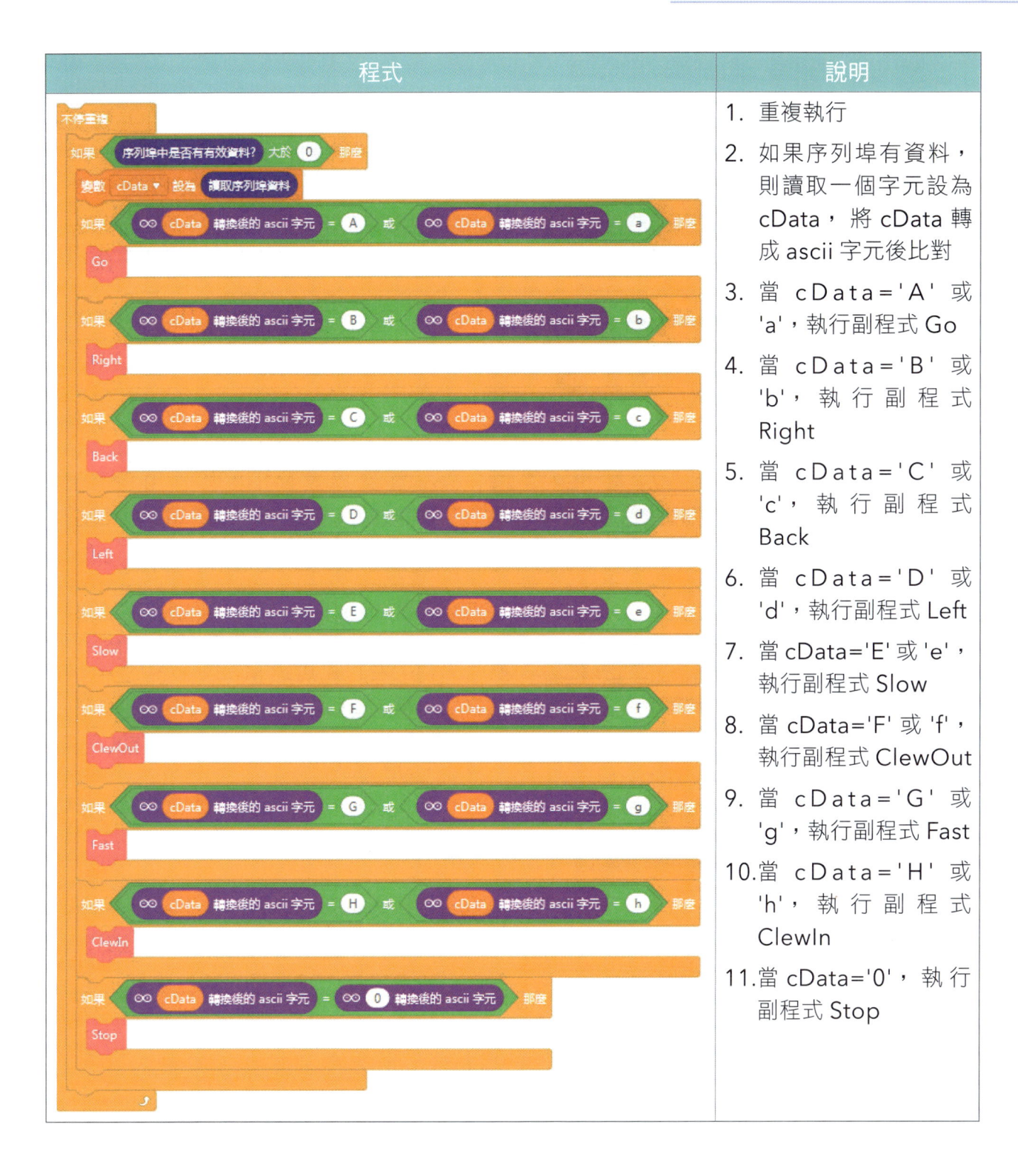

程式	說明
(程式方塊圖：不停重複迴圈，包含多個如果判斷式，依序判斷 cData 轉換後的 ascii 字元是否等於 A/a、B/b、C/c、D/d、E/e、F/f、G/g、H/h、0，分別執行 Go、Right、Back、Left、Slow、ClewOut、Fast、ClewIn、Stop 副程式)	1. 重複執行 2. 如果序列埠有資料，則讀取一個字元設為 cData，將 cData 轉成 ascii 字元後比對 3. 當 cData='A' 或 'a'，執行副程式 Go 4. 當 cData='B' 或 'b'，執行副程式 Right 5. 當 cData='C' 或 'c'，執行副程式 Back 6. 當 cData='D' 或 'd'，執行副程式 Left 7. 當 cData='E' 或 'e'，執行副程式 Slow 8. 當 cData='F' 或 'f'，執行副程式 ClewOut 9. 當 cData='G' 或 'g'，執行副程式 Fast 10. 當 cData='H' 或 'h'，執行副程式 ClewIn 11. 當 cData='0'，執行副程式 Stop

程式	說明
(積木程式：定義 Go / Right / Back / Left / Stop)	1. 副程式 Go 左直流馬達 M1 以變數 "Speed" 運轉，右直流馬達 M2 以變數 "Speed" 運轉，前進 2. 副程式 Right 左直流馬達 M1 以變數 "Speed" 運轉，右直流馬達 M2 以變數 "0-Speed" 運轉，右馬達反向轉。右轉 3. 副程式 Back 左直流馬達 M1 以變數 "0-Speed" 運轉，右直流馬達 M2 以變數 "0-Speed" 運轉，後退 4. 副程式 Left 左直流馬達 M1 以變數 "0-Speed" 運轉，右直流馬達 M2 以變數 "Speed" 運轉，左馬達反向轉。左轉 5. 副程式 Stop 左直流馬達 M1，右直流馬達 M2 轉數 "0"，停止
(積木程式：定義 Slow / Fast)	1. 副程式 Slow 每執行一次變數 "Speed" 減少 5，最小值設為 100，可以調整降低馬達的轉速 2. 副程式 Fast 每執行一次變數 "Speed" 增加 5，最大值設為 255，可以調整增加馬達的轉速

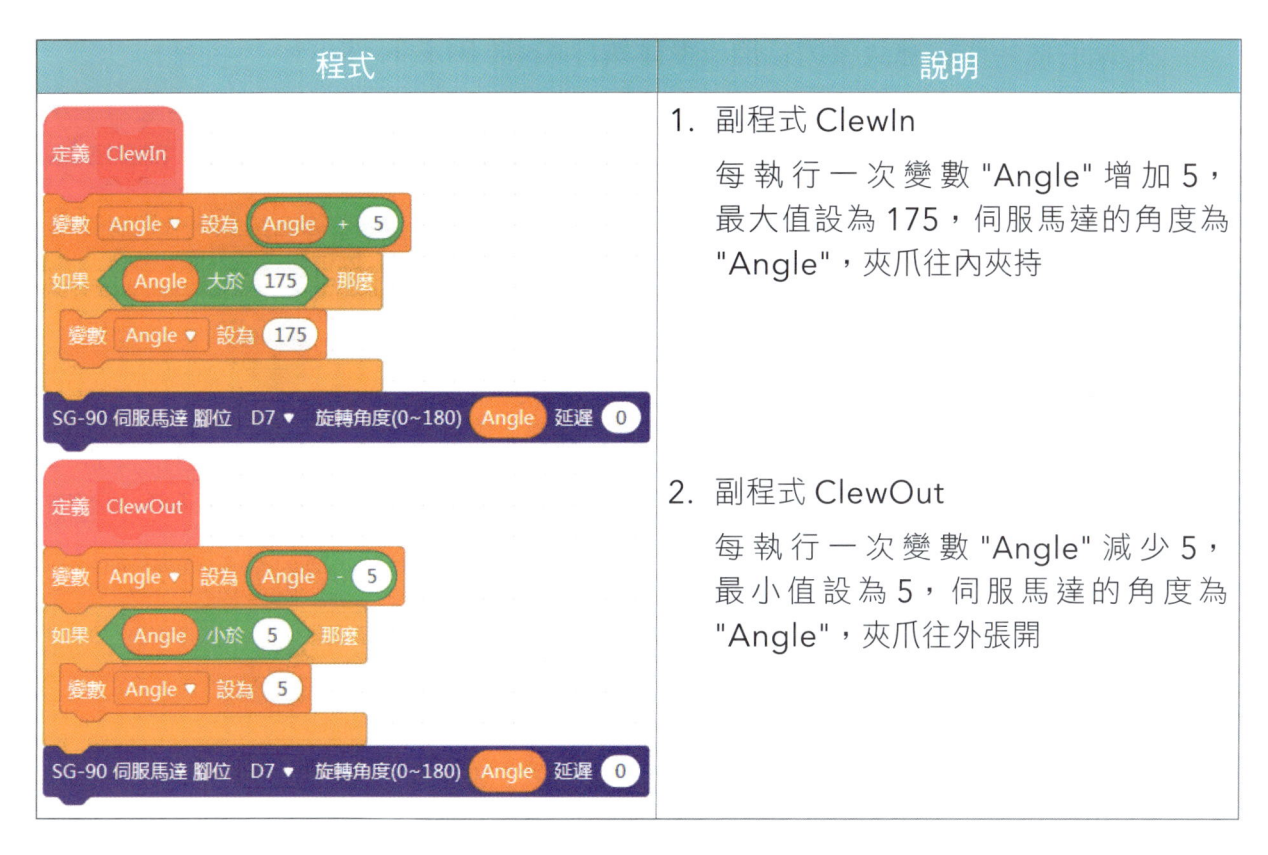

程式	說明
(ClewIn 定義程式區塊：變數 Angle 設為 Angle + 5；如果 Angle 大於 175 那麼 變數 Angle 設為 175；SG-90 伺服馬達 腳位 D7 旋轉角度(0~180) Angle 延遲 0)	1. 副程式 ClewIn 每執行一次變數 "Angle" 增加 5，最大值設為 175，伺服馬達的角度為 "Angle"，夾爪往內夾持
(ClewOut 定義程式區塊：變數 Angle 設為 Angle - 5；如果 Angle 小於 5 那麼 變數 Angle 設為 5；SG-90 伺服馬達 腳位 D7 旋轉角度(0~180) Angle 延遲 0)	2. 副程式 ClewOut 每執行一次變數 "Angle" 減少 5，最小值設為 5，伺服馬達的角度為 "Angle"，夾爪往外張開

4. 執行結果：

(1) 上傳燒錄程式，在上傳時必須拔起藍牙模組，否則會因為腳位衝突無法上傳燒錄。

(2) 插上主控制板供電電池和接頭與直流馬達外部電源接頭。

(3) 插上藍牙模組，請注意藍牙模組腳位的對應位置。

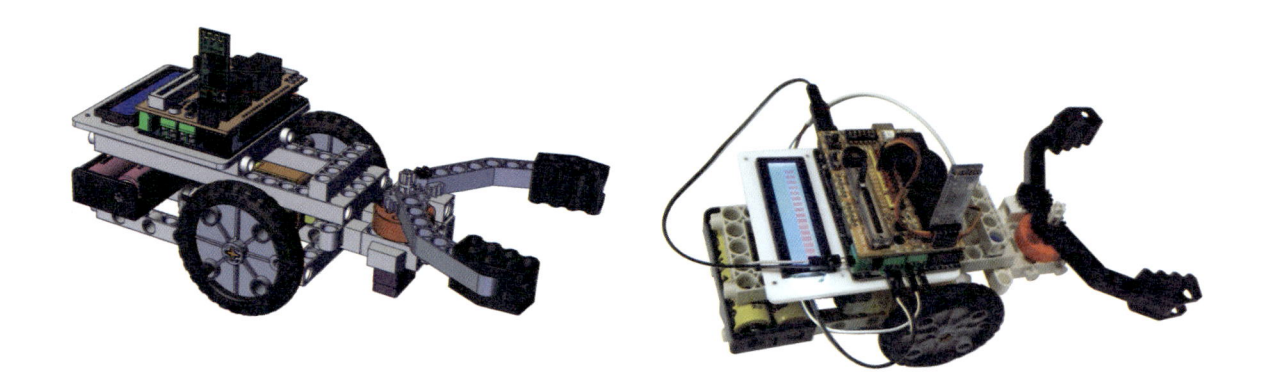

4. 此時藍牙模組應該慢閃紅燈。手機執行 App「BLE JoyStick」，連線成功後，藍牙模組紅燈長亮。

如表 6-2 對應的按鍵，請體驗操縱夾爪自走車的樂趣。

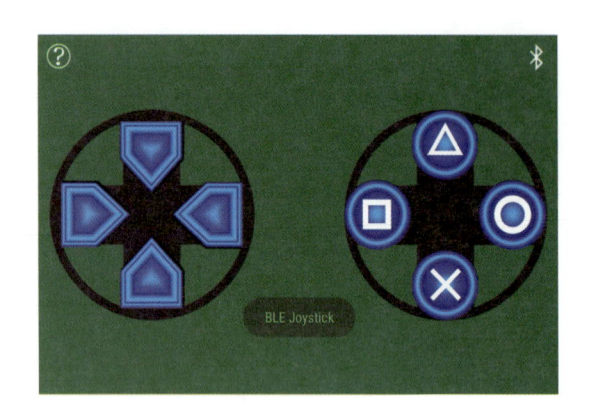

★ 表 6-2　按鍵對應字元表

▽	前進	△	降低轉速
◁	右轉	◯	夾爪張開
△	後退	✕	增加轉速
▷	左轉	☐	夾爪夾持
放開按鈕，直流馬達停止			

MLC 創客實作練習

題目名稱：藍牙遙控夾爪車

題目說明：

設計程式，使用藍牙控制積木機器人運動，以及用夾爪夾持物品。

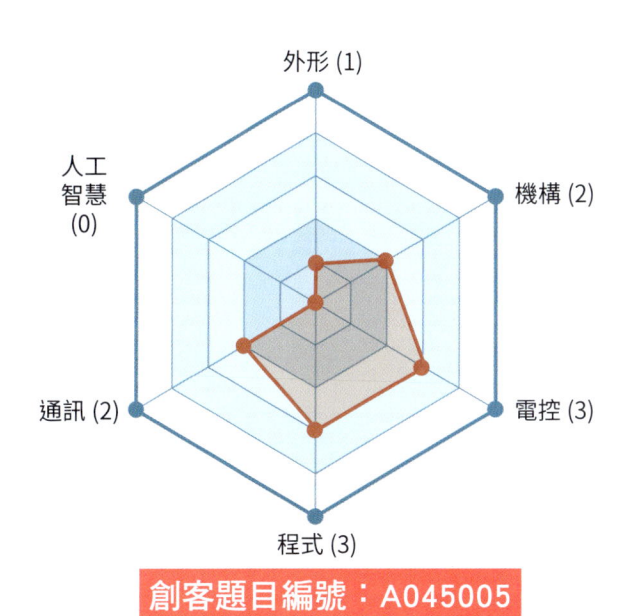

創客題目編號：A045005

創客學習力

實作時間：50min	
創客指標	指數
外形 (專業)	1
機構	2
電控	3
程式	3
通訊	2
人工智慧	0
創客總數	11

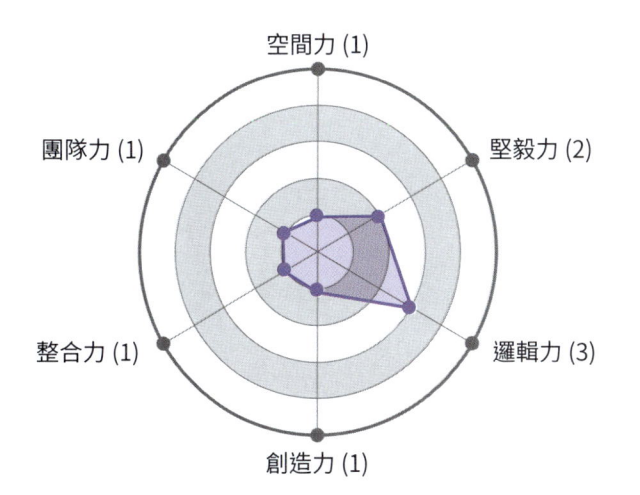

創客素養力

空間力	堅毅力	邏輯力	創造力	整合力	團隊力	素養總數
1	2	3	1	1	1	9

Chapter 7

循跡自走機器人

本章節次

7-1 紅外線循跡感測應用

7-2 紅外線感測器模組工作原理

7-3 紅外線循跡自走機器人初體驗

7-4 偵測場地的循跡策略

7-5 IPOE G1 積木機器人挑戰初級 IRA 智慧型機器人認證

循跡感測是機器人常見的展現課題，透過感測器讀取路徑的軌跡，加以分析，並透過微控制器運算，驅動馬達運行來完成循跡任務。這個課題結合了機器人的主體建構、感測、分析、運算與執行；由人工設計的程式，讓機器人自主去執行，可稱為 AI 人工智慧的基礎應用。

7-1 紅外線循跡感測應用

IPOE G1 循跡感測機器人是選用 3 路紅外線循跡感測器模組，安裝在車體前方，讓循跡自走機器人能辨識場地中的黑區與白線，並隨著路徑狀態作判別策略，驅動車體移動達成設定的任務。

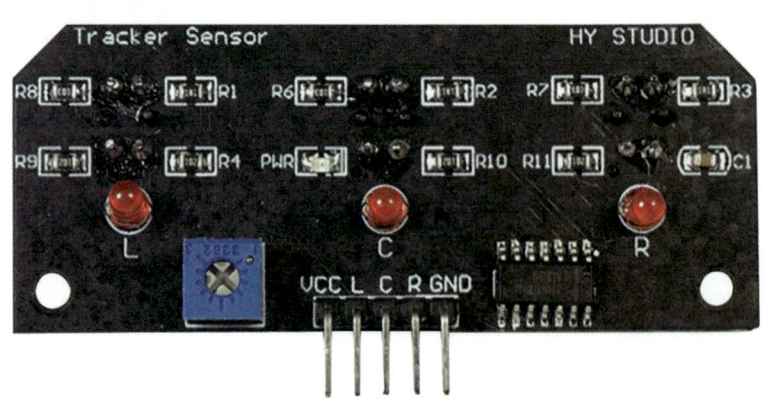

★ 圖 7-1　3 路紅外線循跡感測器模組

循跡自走機器人組裝步驟如下：

Step.1 3 路紅外線循跡感測器使用隔離柱與短結合鍵固定，紅圓圈標記為調整紐，請預先順時針轉至盡頭。

Step.2 隔離柱組裝在車體前方七孔圓長條上。

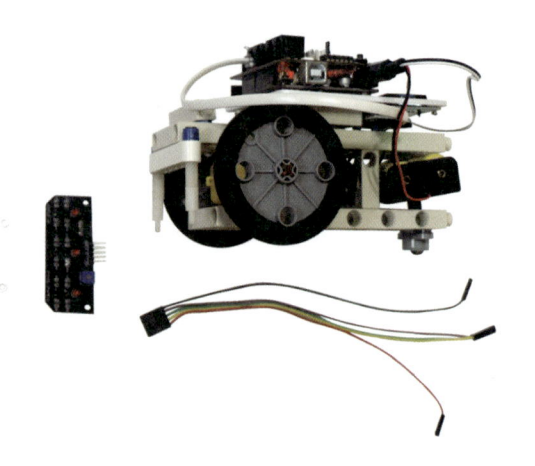

Step.3 插上 5P 的杜邦訊號線，將 3 路紅外線循跡感測器以塑膠螺帽鎖固在隔離柱上。

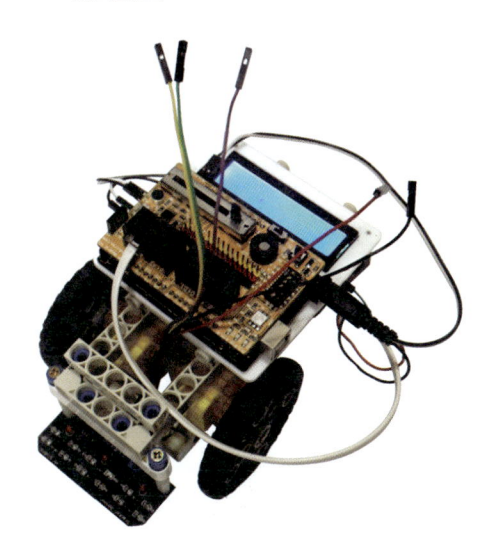

Step.4 依序將 5P 杜邦線以顏色區分。

杜邦端	擴展板端
GND	GND
R	右感測器接 D13 訊號針腳 S
C	中感測器接 D12 訊號針腳 S
L	左感測器接 D8 訊號針腳 S
VCC	VCC

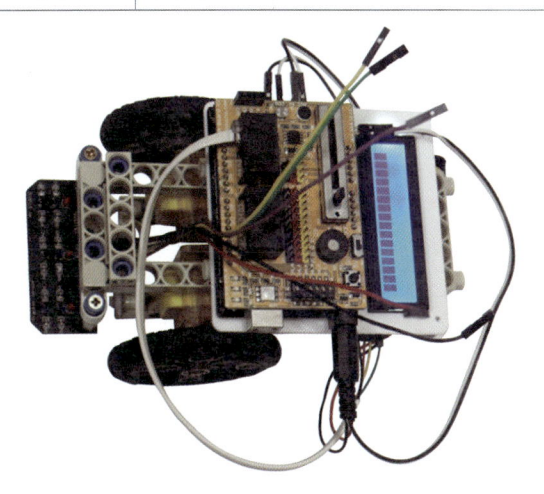

7-2 紅外線感測器模組工作原理

　　紅外線感測器模組的 TCRT5000 感測器的紅外發射二極體會不斷發射紅外線，當發射出的紅外線沒有被反射回來或反射回來但強度不夠大時，光敏三極體一直處於關斷狀態，此時模組的輸出端為高電位，板載指示 LED 處於熄滅狀態。當紅外線被反射回來且強度足夠大時，光敏三極體飽和，模組輸出低電位，板載指示 LED 被點亮。

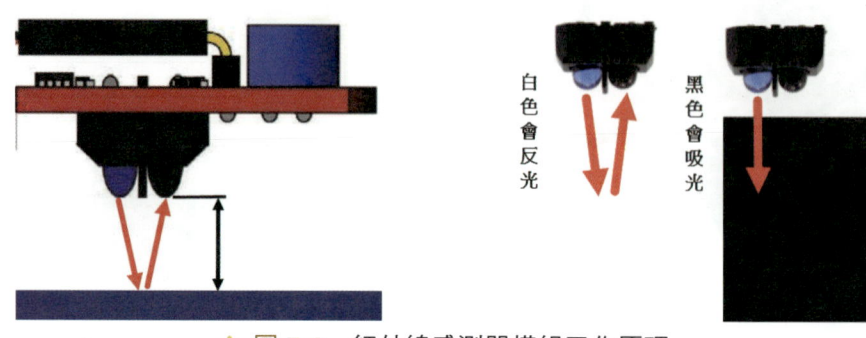

★ 圖 7-2　紅外線感測器模組工作原理

1. 當循跡自走機器人中間感測器偵測白線區，指示燈亮，C 訊號端（D12）輸出低電壓。

2. 當循跡自走機器人左邊與中間感測器偵測白線區，指示燈亮，L 訊號端（D8）與 C 訊號端（D12）輸出低電壓。

3. 當循跡自走機器人右邊與中間感測器偵測白線區，指示燈亮，R 訊號端（D13）與 C 訊號端（D12）輸出低電壓。

4. 當循跡自走機器人 3 個感測器都偵測白線區，指示燈亮，R 訊號端（D13）與 C 訊號端（D12）L 訊號端（D8）都輸出低電壓。

★ 圖 7-3　紅外線感測器模組偵測場地並輸出訊號

7-3 紅外線循跡自走機器人初體驗

我們先以簡單沒有交叉路徑的橢圓形或矩形場地，做第一次的練習體驗；因為沒有交叉線，因此可以忽略中間的感測器，讓左右兩側感測器夾著白色路徑前進即可。當左（L）感測器偵測到白線，左馬達停止，反之當右（R）感測器偵測到白線，右馬達停止；其餘的 2 輪繼續前進。

範例 7-A 簡單循跡任務測試

1. 程式 7-A 簡單循跡任務測試 .mblock

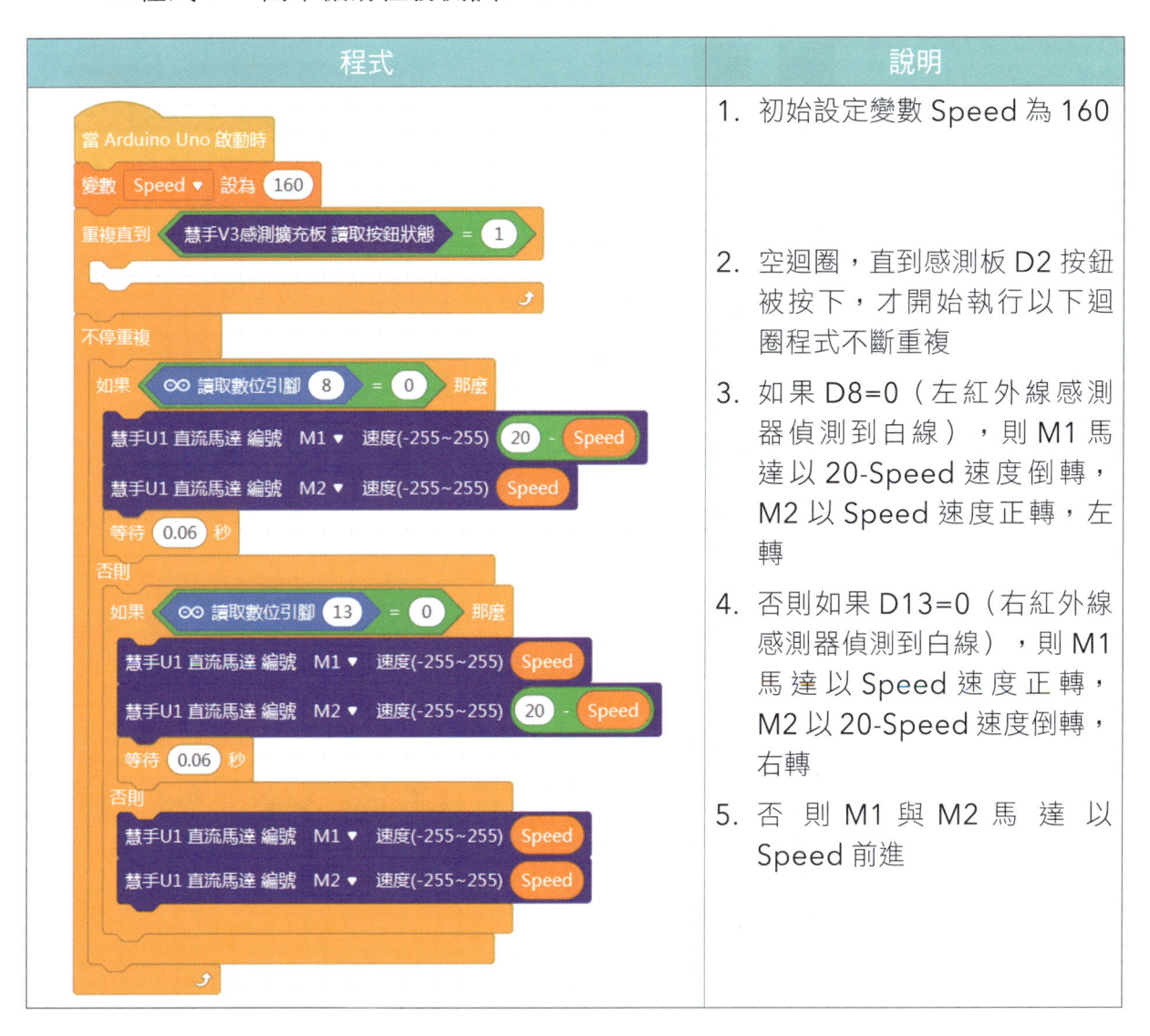

程式	說明
（積木程式圖）	1. 初始設定變數 Speed 為 160 2. 空迴圈，直到感測板 D2 按鈕被按下，才開始執行以下迴圈程式不斷重複 3. 如果 D8=0（左紅外線感測器偵測到白線），則 M1 馬達以 20-Speed 速度倒轉，M2 以 Speed 速度正轉，左轉 4. 否則如果 D13=0（右紅外線感測器偵測到白線），則 M1 馬達以 Speed 速度正轉，M2 以 20-Speed 速度倒轉，右轉 5. 否則 M1 與 M2 馬達以 Speed 前進

7-4 偵測場地的循跡策略

　　紅外線感測器模組運用於循跡車路線偵測，設計程式讓循跡自走機器人來循著白色線行走，完成循跡任務，由於場地設計多樣變化，即使以 3 點紅外線感測器模組，擬定好循跡策略，仍然可以順利達成，下表是以 3 點方式循跡，可能的偵測狀態與控制程式策略。

★ 表 7-1　紅外線循跡探險車運行方向的控制策略

左模組 L	中模組 C	右模組 R	狀態	策略	控制程式
黑	白	黑		直線區： 快速前進 左輪正轉 右輪正轉	慧手U1 直流馬達 編號 M1▼ 速度(-255~255) Speed 慧手U1 直流馬達 編號 M2▼ 速度(-255~255) Speed
白	白	黑		左彎道或直角左彎： 左輪慢速倒轉 右輪正轉	慧手U1 直流馬達 編號 M1▼ 速度(-255~255) 20 - Speed 慧手U1 直流馬達 編號 M2▼ 速度(-255~255) Speed 等待 0.06 秒
白	黑	黑		偏右： 左輪慢速倒轉 右輪正轉	慧手U1 直流馬達 編號 M1▼ 速度(-255~255) 20 - Speed 慧手U1 直流馬達 編號 M2▼ 速度(-255~255) Speed 等待 0.06 秒
黑	黑	白		偏左： 左輪正轉 右輪慢速倒轉	慧手U1 直流馬達 編號 M1▼ 速度(-255~255) Speed 慧手U1 直流馬達 編號 M2▼ 速度(-255~255) 20 - Speed 等待 0.06 秒
黑	白	白		右彎道或直角右彎： 左輪正轉 右輪慢速倒轉	慧手U1 直流馬達 編號 M1▼ 速度(-255~255) Speed 慧手U1 直流馬達 編號 M2▼ 速度(-255~255) 20 - Speed 等待 0.06 秒

7 循跡自走機器人

左模組 L	中模組 C	右模組 R	狀態	策略	控制程式
白	白	白		交叉線： 依循跡任務，選擇保持一段時間直行通過交叉 左輪正轉 右輪正轉	交叉線： 慧手U1 直流馬達 編號 M1▼ 速度(-255~255) Speed 慧手U1 直流馬達 編號 M2▼ 速度(-255~255) Speed 等待 0.5 秒 （等待時間視場地微調以確保通過）
白	白	白		終點記號： 選擇停止 左輪停止 右輪停止	終點記號： （使用空迴圈讓自走機器人等待以停止運動） 慧手U1 直流馬達 編號 M1▼ 速度(-255~255) 0 慧手U1 直流馬達 編號 M2▼ 速度(-255~255) 0 重複直到 慧手V3感測擴充板 讀取按鈕狀態 = 1
黑	黑	黑		斷線區： 依循跡任務，選擇保持直行通過黑區時間 左輪正轉 右輪正轉	（等待時間視場地要微調以確保通過） 慧手U1 直流馬達 編號 M1▼ 速度(-255~255) 0 慧手U1 直流馬達 編號 M2▼ 速度(-255~255) 0 重複直到 慧手V3感測擴充板 讀取按鈕狀態 = 1
白	黑	白	不會發生		

133

7-5 IPOE G1 積木機器人挑戰初級 IRA 智慧型機器人認證

表 7-1（P.132）已經彙整出機器人自走車場地的各種狀態與程式應對策略，現在 IPOE G1 積木機器人要進一步挑戰初級 IRA 智慧型機器人認證的任務。

一 初級 IRA 智慧型機器人應用認證術科測驗項目及內容

編 號	需完成之項目	備 註
1	組裝	依選用機器人需求組裝，例如馬達、輪子、輔輪及電池組裝
2	終點任務	評分時，應在 2 分鐘內依指定路徑循跡、停止、發聲，並抵達終點

二 檢測場地

檢測場地為黑底白線的循跡圖，外圍尺寸為 150cm（長）×90cm（寬），循跡區域其他尺寸如下：

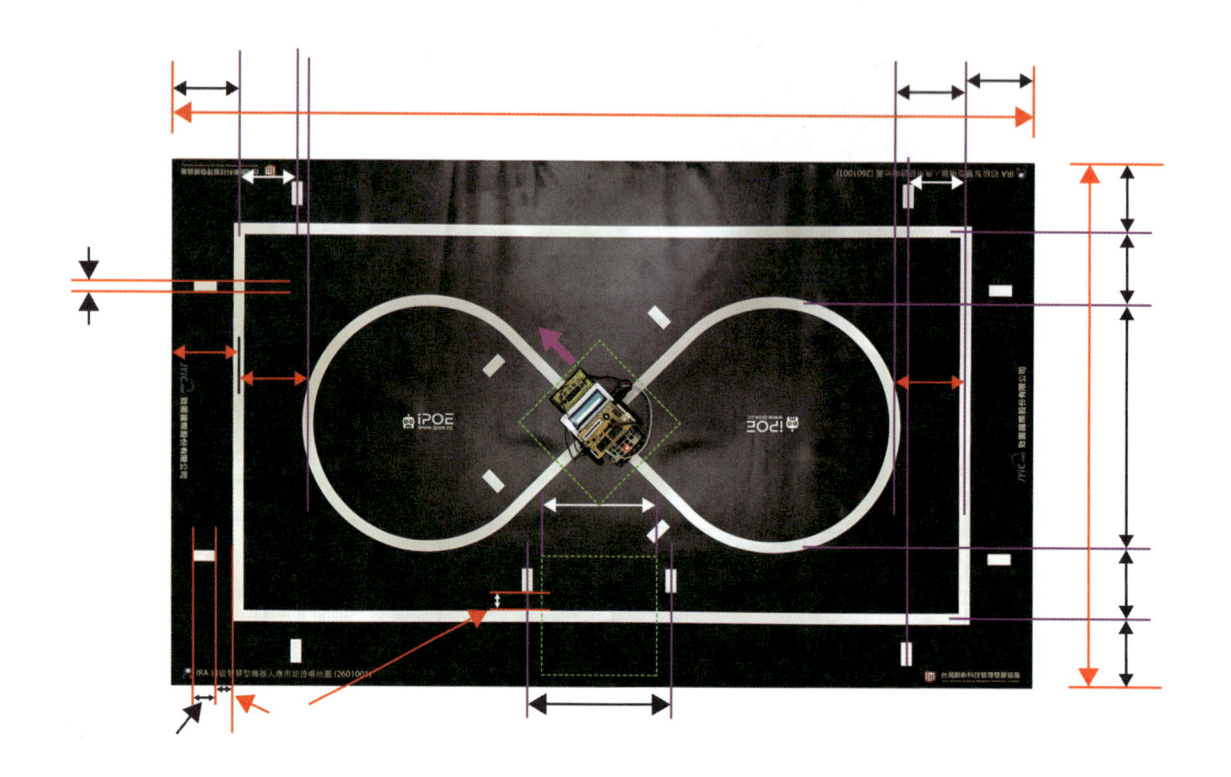

★ 圖 7-4　檢測場地尺寸圖

IRA 初級認證任務為循 8 字形的白線，正中央綠色的框為起 / 終點，輪型機器人啟動後需由綠框內的起點（A 點）左向出發，出發後第一次、第三次經過綠框內的交叉點時繼續往前走不做任何事，第二次經過綠框交叉點時停止為中繼點（B 點），第四次回到綠框交叉點時停止為終點（C 點）。

三 機構組裝

　　本認證使用輪型機器人，機構需自行組裝，並將電線整理整齊。

　　應檢人需在受測開始 20 分鐘內自行檢查配備零件是否齊全，並提出申請補發，逾時不接受申請補發。組裝後輪型機器人尺寸不得超過 20cm（長）× 18cm（寬）×10cm（高）。

四 任務要求

　　試場提供各種開發環境，例如 Arduino IDE、mBlock5。請將參考程式檔名變更為術科准考證號碼，例如 mBlock5 檔名為 1010400102.mblock，請依使用之機器人操作。

　　任務路徑有二種，檢定時為二抽一，如下所示，原則上抽到工作崗位號碼為奇數者執行路徑 1，工作崗位號碼為偶數者執行路徑 2。

路徑編號	起點	中繼點	終點
1	A	B（需在 3 秒內嗶 6 聲）	C
2	A	B（需在 1 秒內嗶 3 聲）	C
※A、B、C 三點說明：請參照上頁之檢測場地之說明			

　　任務要求為按鍵啟動後，由 A 點向左自主循跡至 B 點停止，並發出嗶嗶聲後繼續循跡前進，最後遇到 C 時停止，並發出一小段音樂後結束。

　　評分時，應在 2 分鐘內依指定路徑循跡、停止、發聲，並抵達終點。

範例 7-B　IRA 循跡任務

1. 程式 7-B IRA 循跡任務 .mblock

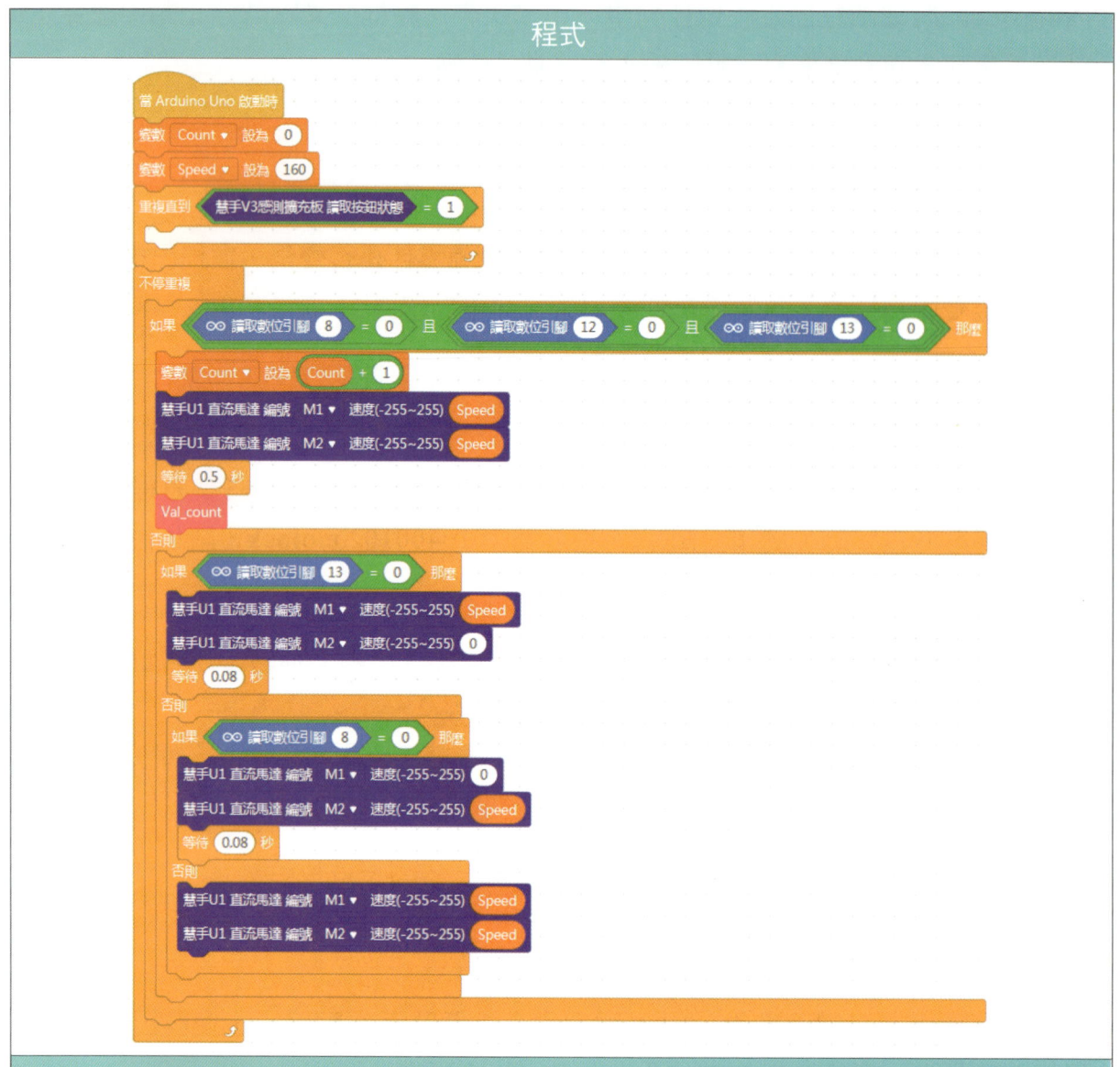

程式

說明

1. 設定變數 Count=0
2. 等待直到 D2 按鈕被按下，開始執行
3. 當 3 個感測器都偵測到交叉白線，Count+1
4. 車子 delay0.5 秒通過橫向的白線，執行 VAL_Count 副程式，看看是第幾次交叉
5. 否則如果 D8=0（左紅外線感測器偵測到白線），則 M1 左馬達停止，M2 右馬達以 Speed 速度正轉，左轉 0.08 秒
6. 否則如果 D13=0（右紅外線感測器偵測到白線），則 M1 左馬達以 Speed 速度正轉，M2 右馬達停止，右轉 0.08 秒
7. 否則 M1 與 M2 馬達以 Speed 前進

※ 因為場地路徑較圓滑，沒有直角轉彎，所以轉彎時停止一邊馬達即可，運行會較順暢

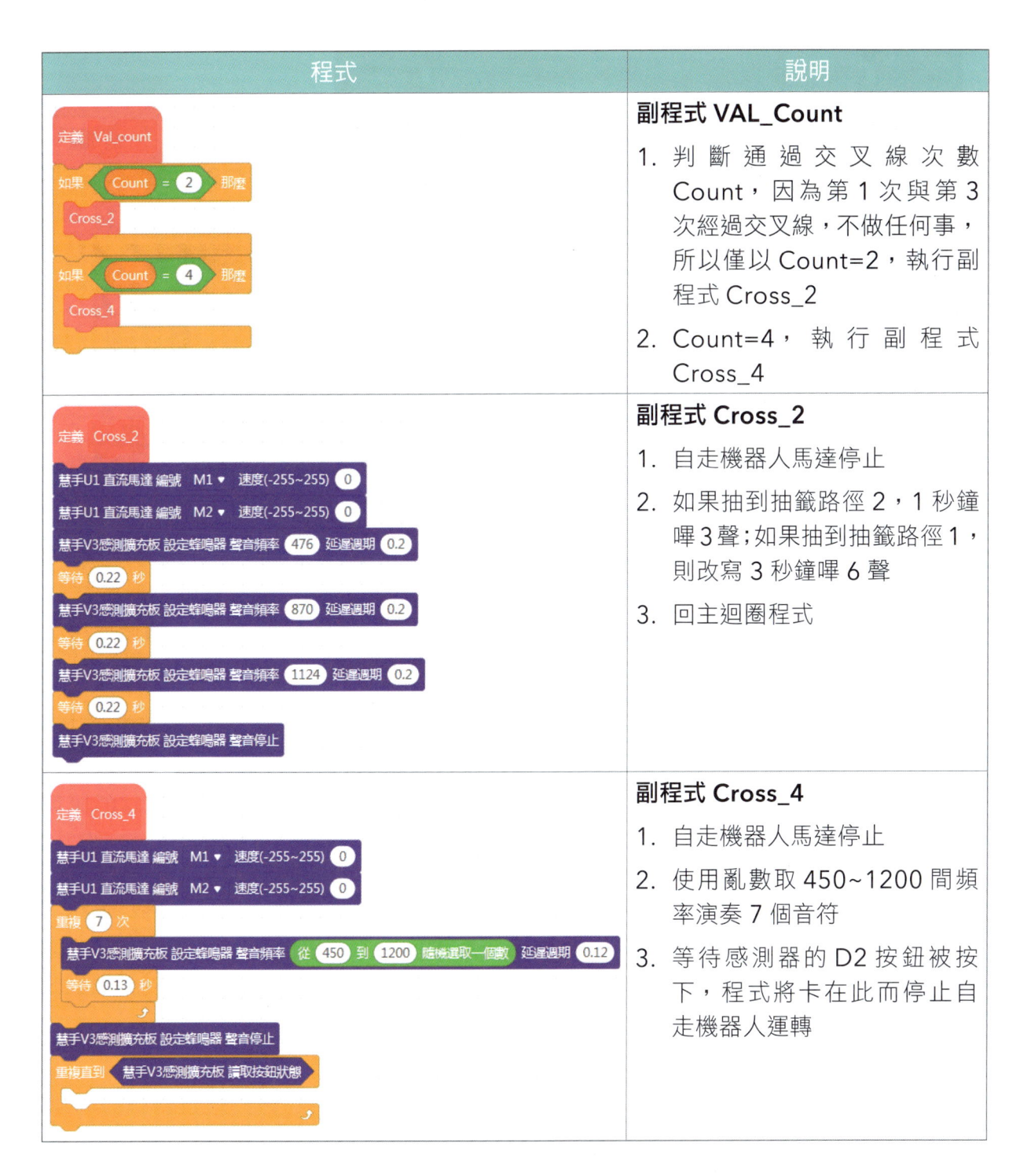

程式	說明
(副程式 Val_count 積木圖：如果 Count = 2 那麼 Cross_2；如果 Count = 4 那麼 Cross_4)	**副程式 VAL_Count** 1. 判斷通過交叉線次數 Count，因為第 1 次與第 3 次經過交叉線，不做任何事，所以僅以 Count=2，執行副程式 Cross_2 2. Count=4，執行副程式 Cross_4
(副程式 Cross_2 積木圖：M1、M2 馬達速度 0；蜂鳴器頻率 476、870、1124，延遲週期 0.2，等待 0.22 秒；聲音停止)	**副程式 Cross_2** 1. 自走機器人馬達停止 2. 如果抽到抽籤路徑 2，1 秒鐘嗶 3 聲；如果抽到抽籤路徑 1，則改寫 3 秒鐘嗶 6 聲 3. 回主迴圈程式
(副程式 Cross_4 積木圖：M1、M2 馬達速度 0；重複 7 次，蜂鳴器聲音頻率從 450 到 1200 隨機選取一個數，延遲週期 0.12，等待 0.13 秒；聲音停止；重複直到 慧手V3感測擴充板 讀取按鈕狀態)	**副程式 Cross_4** 1. 自走機器人馬達停止 2. 使用亂數取 450~1200 間頻率演奏 7 個音符 3. 等待感測器的 D2 按鈕被按下，程式將卡在此而停止自走機器人運轉

　　依照抽籤路徑，檢查與修改程式後，上傳燒錄，將控制板直流供電與直流馬達外部供電接好。自走機器人置於 IRA 認證場地中間，這時要按下感測板上的 D2 按鈕，才會開始循跡任務，自走機器人循著白線自行判斷前進與轉彎，當碰到橫向交叉線，第 1 次與第 3 次直接通過，第 2 次通過後，停止並嗶 3 聲，再繼續前進；第 4 次碰到橫向交叉線，則通過後停止，並演奏一小節音樂，持續停止。

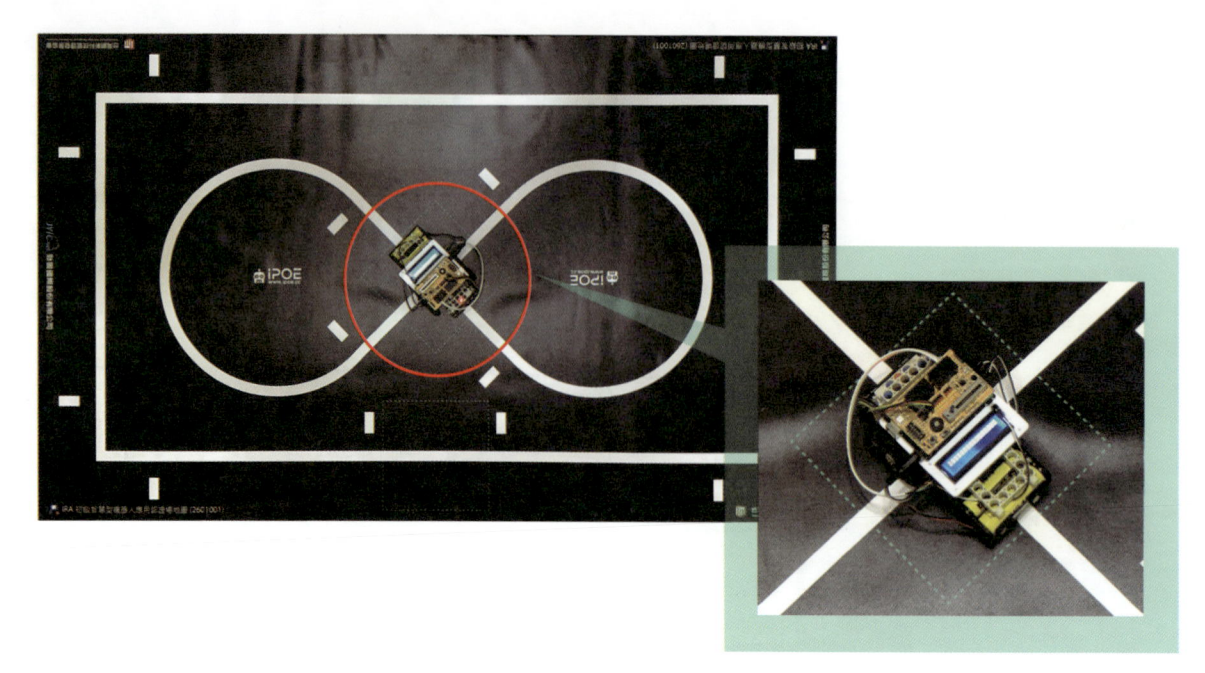

★ 圖 7-5　將自走機器人置於 IRA 認證場地中間

　　IPOE G1 循跡感測機器人選用 3 路數位型紅外線循跡感測器模組，讓循跡自走機器人能辨識場地中的黑區與白線，並隨著路徑狀態作判別策略，驅動車體移動達成設定的任務。紅外線循跡感測器模組有數位與類比訊號型態，依任務需求除了 3 路循跡感測，也有 5 路循跡感測等不同模組。可以使用 PID（比例、積分、微分）控制，讓循跡更有效率，IPOE G1 積木機器人均可以配備，端看程式演算法的應用變化。

　　另外，IPOE G1 積木機器人從第 5 章介紹超音波避障機器人，第 6 章介紹藍牙遙控夾爪機器人，加上第 7 章介紹的循跡自走機器人，都是由同一個移動車體改變積木化的裝備而達成的。當有其他指定任務需要的時候，這些配備都可以同時整合裝配，達成「遙控、循跡、避障、排障」等多功能的機器人任務。

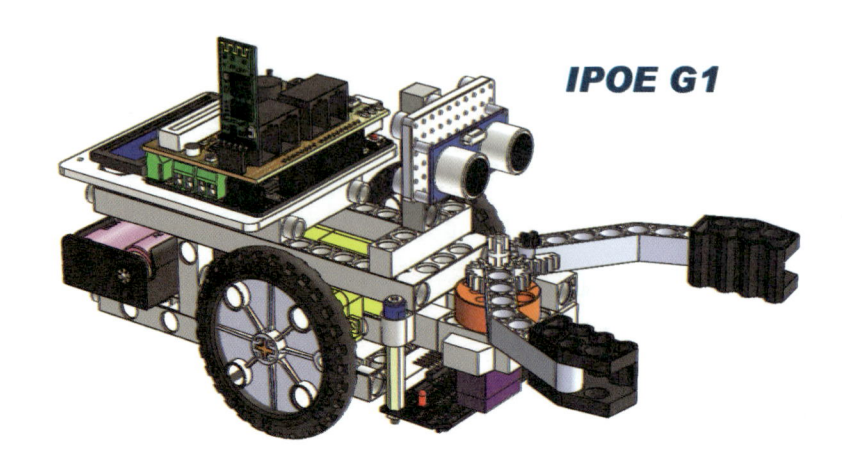

MLC 創客實作練習

題目名稱：IPOE G1 循跡機器人

題目說明：

設計程式，使機器人能夠進行循跡。

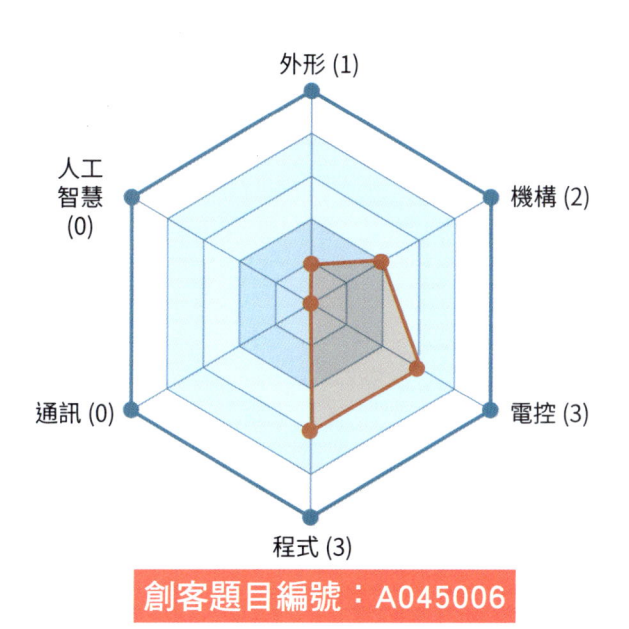

創客題目編號：A045006

創客學習力

實作時間：40min	
創客指標	指數
外形（專業）	1
機構	2
電控	3
程式	3
通訊	0
人工智慧	0
創客總數	9

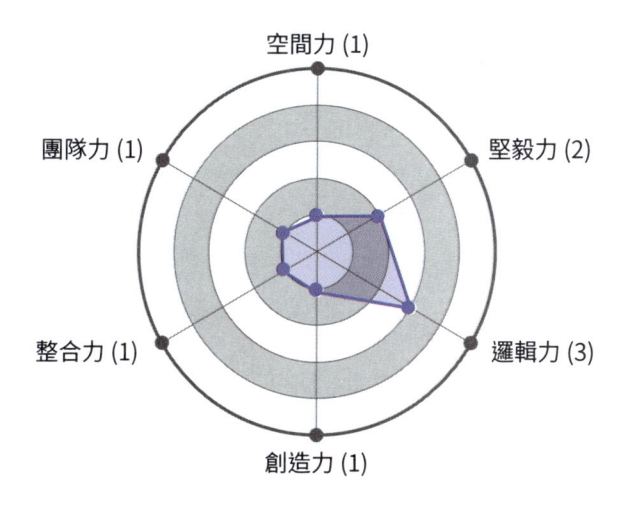

創客素養力

空間力	堅毅力	邏輯力	創造力	整合力	團隊力	素養總數
1	2	3	1	1	1	9

Chapter 8

G1 積木機器人與 mBlock 上傳廣播

本章節次

8-1 上傳模式廣播功能介紹

我們在第 3 章練習過 mBlock5 即時模式與 Arduino 設備互動，Arduino 設備與背景角色使用 [變數] 和 [廣播] 方式互相傳遞訊息來達成。在即時模式，因為使用固定的韌體做通訊連接，mBlock5 透過變數傳遞與訊息廣播，需要由電腦端控制設備，透過 USB 傳輸會延遲程式執行的反應時間，而且 Arduino 設備除了數位 / 類比腳位的輸出 / 輸入以外，支援的感測器功能較受限。另外 Arduino 的設備端，因為必須更新成固定的韌體，無法單獨執行程式。

8-1 上傳模式廣播功能介紹

Makeblock 團隊新發展出 mBlock5 的「上傳模式廣播」功能，能讓 Arduino 設備獨立執行程式，並且回傳訊息給電腦端；如此執行 mBlock5，讓螢幕上角色與 Arduino 設備能夠充分結合，讓可以支援的 Arduino 感測元件更多樣，可創作的互動專案也會更有變化。

首先 Arduino 設備及舞臺上的角色，都需要分別在附加元件中心，從設備擴展與角色擴展添加「上傳模式廣播」。

★ 圖 8-1　上傳模式廣播圖示

透過上傳模式廣播，可以讓支援該功能的設備和舞臺角色之間在上傳模式下產生互動。將 mBlock 模式切換到「上傳模式廣播」，在設備和角色的積木區域就可以看到相關積木了。

★ 圖 8-2　積木區中設備和舞臺角色之間互相收發訊息（指令）和附加數值

以下我們透過 2 個實例，來介紹與練習上傳模式廣播的用法。

範例 8-A　天熱請開電扇

1. 功能簡介：利用 IPOE G1 積木機器人的配備，設計一個可以隨著溫度提高，螢幕上的角色就會命令 Arduino 設備打開電扇的互動模型。使用上傳模式廣播，Arduino 設備與偵測溫度模組（DHT11 溫溼度模組）。

2. 硬體準備：組裝模型如下。

   Step.1　橘色轉盤是由伺服馬達拆下來使用，組裝 15cm 超長條。

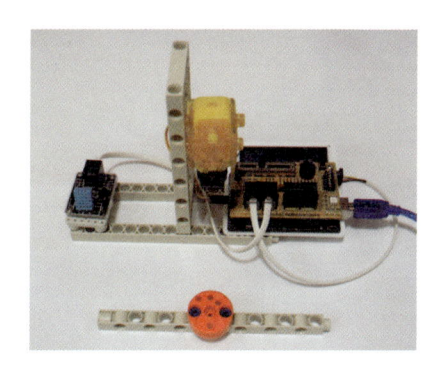

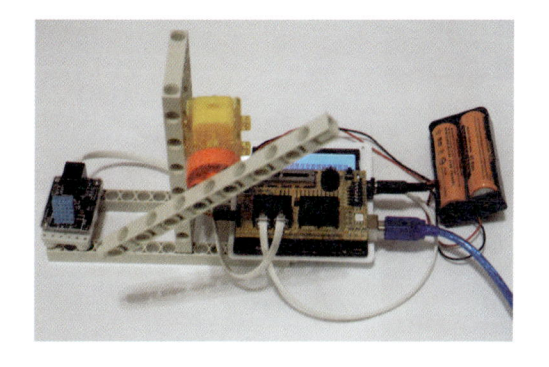

   Step.2　直流馬達接在 M1 腳位，使用電池組外部供電。

3. 程式 8-A 天熱請開風扇 .mblock

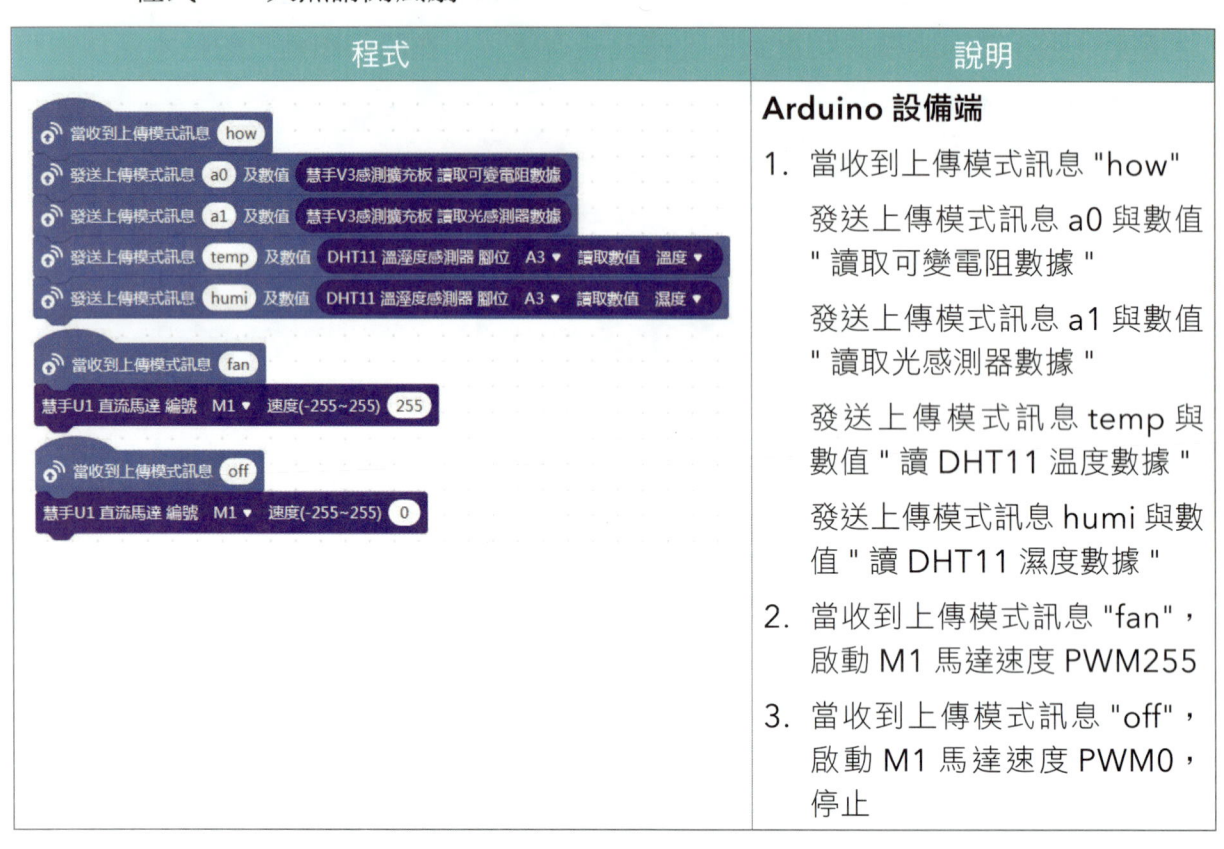

程式	說明
(積木程式圖)	**Arduino 設備端** 1. 當收到上傳模式訊息 "how" 　發送上傳模式訊息 a0 與數值 " 讀取可變電阻數據 " 　發送上傳模式訊息 a1 與數值 " 讀取光感測器數據 " 　發送上傳模式訊息 temp 與數值 " 讀 DHT11 溫度數據 " 　發送上傳模式訊息 humi 與數值 " 讀 DHT11 濕度數據 " 2. 當收到上傳模式訊息 "fan"，啟動 M1 馬達速度 PWM255 3. 當收到上傳模式訊息 "off"，啟動 M1 馬達速度 PWM0，停止

程式	說明
(變數建立圖)	**mBlock 電腦端** 建立變數 "a0"、"a1"、"humi"、"temp"，勾選可以讓變數顯示於舞台區
(綠旗程式圖)	當綠旗被點一下 不斷重複，發送上傳模式訊息 "how"，等待 0.5 秒，避免不斷重複，使得通訊堵塞

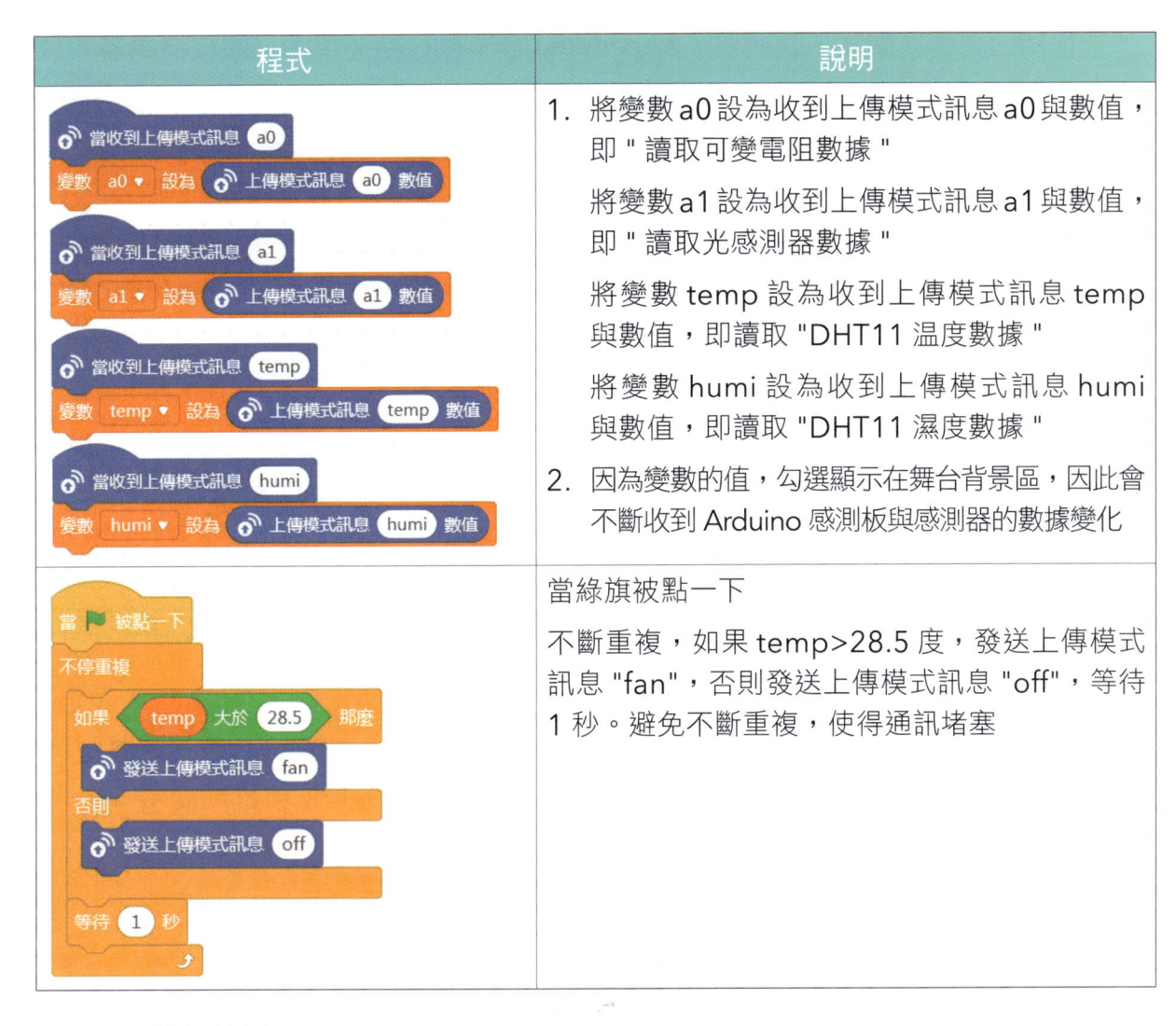

程式	說明
(當收到上傳模式訊息 a0) (變數 a0 設為 上傳模式訊息 a0 數值) (當收到上傳模式訊息 a1) (變數 a1 設為 上傳模式訊息 a1 數值) (當收到上傳模式訊息 temp) (變數 temp 設為 上傳模式訊息 temp 數值) (當收到上傳模式訊息 humi) (變數 humi 設為 上傳模式訊息 humi 數值)	1. 將變數 a0 設為收到上傳模式訊息 a0 與數值，即 " 讀取可變電阻數據 " 將變數 a1 設為收到上傳模式訊息 a1 與數值，即 " 讀取光感測器數據 " 將變數 temp 設為收到上傳模式訊息 temp 與數值，即讀取 "DHT11 溫度數據 " 將變數 humi 設為收到上傳模式訊息 humi 與數值，即讀取 "DHT11 濕度數據 " 2. 因為變數的值，勾選顯示在舞台背景區，因此會不斷收到 Arduino 感測板與感測器的數據變化
(當綠旗被點一下) (不停重複) (如果 temp 大於 28.5 那麼) (發送上傳模式訊息 fan) (否則) (發送上傳模式訊息 off) (等待 1 秒)	當綠旗被點一下 不斷重複，如果 temp>28.5 度，發送上傳模式訊息 "fan"，否則發送上傳模式訊息 "off"，等待 1 秒。避免不斷重複，使得通訊堵塞

4. 執行結果：

(1) 當 Arduino 設備上傳程式成功，USB 傳輸線必須保持連接。

(2) 點一下綠旗，舞台左上角出現 4 個變數數值，可以拉動 VR 可變電阻，遮蔽光感測器；對著 DHT11 溫溼度感測器吹氣，可以在舞台區看到這 4 個即時數值的變化。當因為吹氣讓溫度高於 28.5 度時，直流馬達會啟動，開啟電扇模型。

a0　565
a1　453
temp　28.00
humi　95.00

使用上傳程式廣播，我們要了解 Arduino 是單執行緒（單工）的微控制器，只能有一個 loop()，當你使用了 [當 Arduino Uno 啟動時 / 不停重複] ，那 Arduino 就不停重複這個迴圈，而不會接收其他的外來訊息。因此，我們在使用上傳程式廣播時，除了由 Arduino 向電腦端 mBlock5 單向上傳程式廣播訊息與數值的情況之外，也可以將 Arduino 當成「從機」，由電腦端主動發送指令，Arduino 負責接收廣播、判別與發送回傳數值，可以保持雙向的持續溝通。

而電腦端 mBlock5，則可以同時有好幾個 [當 ▶ 被點一下 / 不停重複] 執行程序（多工）。

範例 8-B　上傳廣播汽車駕訓

1. 功能簡介：設計 mBlock 程式，使用舞台上的虛擬遙控器，操控夾爪車運轉。
2. 硬體準備：使用第 6 章範例 6-C 藍牙遙控夾爪車的車體組裝，唯一的差別是不插上藍牙模組，而必須接上 USB 傳輸線，才能執行上傳模式廣播；可將車體墊高，讓輪胎不著地，方便操作，並接上電池組供電與直流馬達供電。

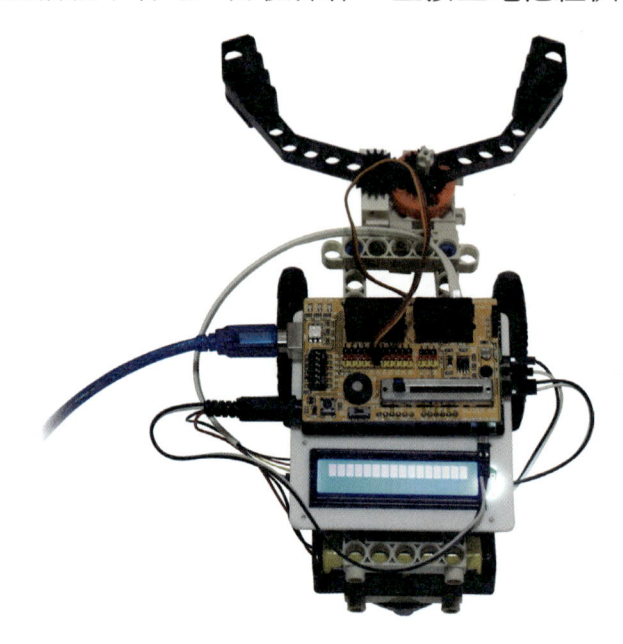

3. 程式 8-B 上傳廣播汽車駕訓 .mblock，開啟 6-C 藍牙遙控夾爪車 .mblock 來修改

(1) 繪製背景，如同 App「BLE JoyStick」的畫面

(2) 建立 8 個按鈕的角色

從電腦的 App 展示畫面，擷取並建立 8 個按鈕的角色，整個操作就跟使用手機 App「BLE JoyStick」一樣

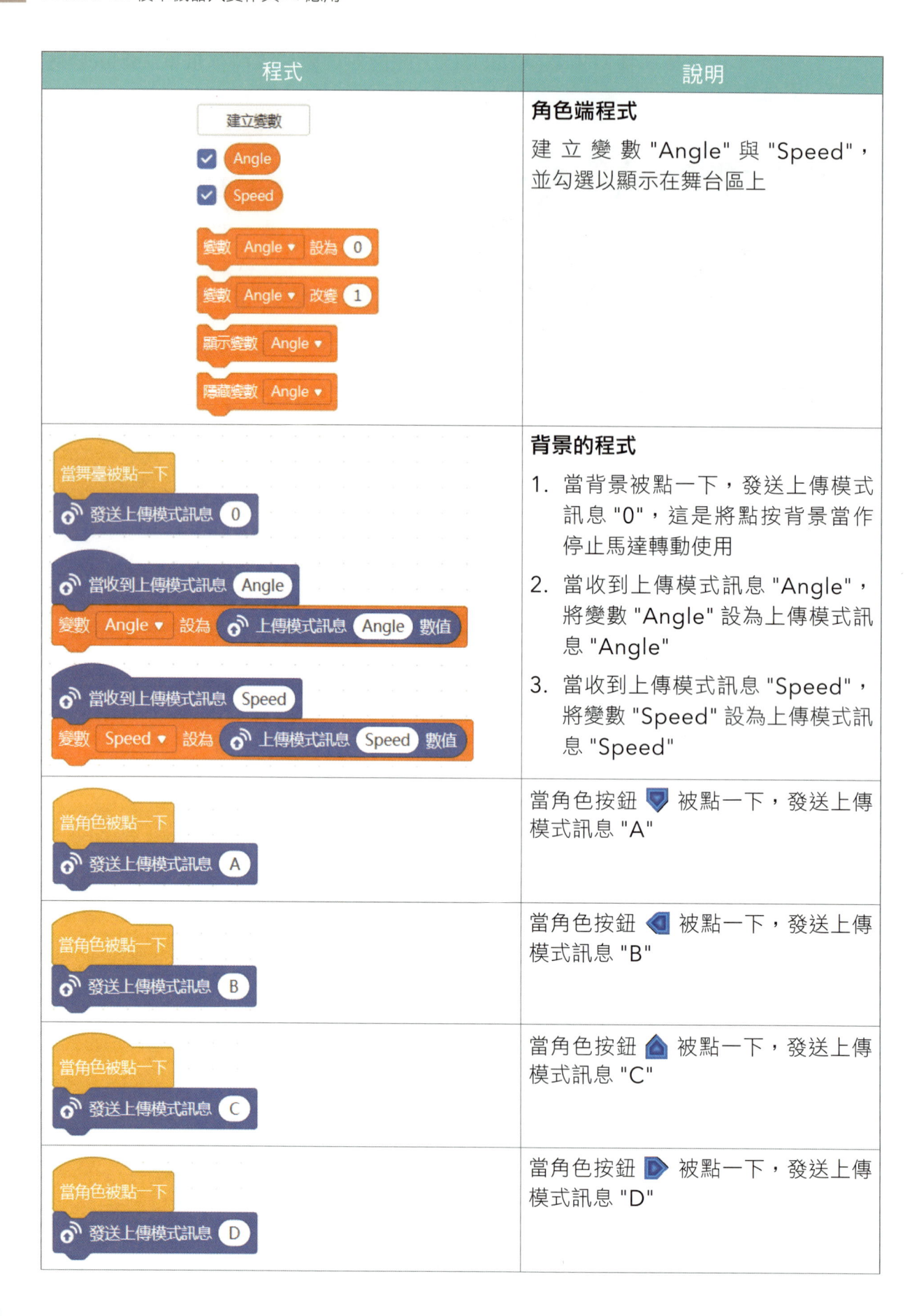

程式	說明
建立變數 Angle Speed 變數 Angle ▼ 設為 0 變數 Angle ▼ 改變 1 顯示變數 Angle ▼ 隱藏變數 Angle ▼	**角色端程式** 建立變數 "Angle" 與 "Speed"，並勾選以顯示在舞台區上
當舞臺被點一下 發送上傳模式訊息 0 當收到上傳模式訊息 Angle 變數 Angle ▼ 設為 上傳模式訊息 Angle 數值 當收到上傳模式訊息 Speed 變數 Speed ▼ 設為 上傳模式訊息 Speed 數值	**背景的程式** 1. 當背景被點一下，發送上傳模式訊息 "0"，這是將點按背景當作停止馬達轉動使用 2. 當收到上傳模式訊息 "Angle"，將變數 "Angle" 設為上傳模式訊息 "Angle" 3. 當收到上傳模式訊息 "Speed"，將變數 "Speed" 設為上傳模式訊息 "Speed"
當角色被點一下 發送上傳模式訊息 A	當角色按鈕 ▽ 被點一下，發送上傳模式訊息 "A"
當角色被點一下 發送上傳模式訊息 B	當角色按鈕 ◁ 被點一下，發送上傳模式訊息 "B"
當角色被點一下 發送上傳模式訊息 C	當角色按鈕 △ 被點一下，發送上傳模式訊息 "C"
當角色被點一下 發送上傳模式訊息 D	當角色按鈕 ▷ 被點一下，發送上傳模式訊息 "D"

程式	說明
當角色被點一下 發送上傳模式訊息 E	當角色按鈕 △ 被點一下，發送上傳模式訊息 "E"
當角色被點一下 發送上傳模式訊息 F	當角色按鈕 ◎ 被點一下，發送上傳模式訊息 "F"
當角色被點一下 發送上傳模式訊息 G	當角色按鈕 ✕ 被點一下，發送上傳模式訊息 "G"
當角色被點一下 發送上傳模式訊息 H	當角色按鈕 ▢ 被點一下，發送上傳模式訊息 "H"

程式	說明
當 Arduino Uno 啟動時 變數 Angle 設為 90 變數 Speed 設為 160 發送上傳模式訊息 Angle 及數值 Angle 發送上傳模式訊息 Speed 及數值 Speed	**Arduino 設備的程式** 1. 初始設定 setup() 將變數 "Angle" 設為 90 2. 將變數 "Speed" 設為 160 3. 發送上傳模式訊息 "Angle" 及數值為變數 "Angle" 4. 發送上傳模式訊息 "Speed" 及數值為變數 "Speed" ※ 因為初始設定只執行一次，不會干擾到後續的訊息廣播。

程式	說明
當收到上傳模式訊息 A — Go 當收到上傳模式訊息 B — Right 當收到上傳模式訊息 C — Back 當收到上傳模式訊息 D — Left 當收到上傳模式訊息 0 — Stop 當收到上傳模式訊息 E — Slow 當收到上傳模式訊息 G — Fast 當收到上傳模式訊息 F — ClewOut 當收到上傳模式訊息 H — ClewIn	由原來的 6-C 程式改寫 1. 當收到上傳模式訊息 "A"，執行副程式 Go 2. 當收到上傳模式訊息 "B"，執行副程式 Right 3. 當收到上傳模式訊息 "C"，執行副程式 Back 4. 當收到上傳模式訊息 "D"，執行副程式 Left 5. 當收到上傳模式訊息 "0"，執行副程式 Stop
定義 Go 慧手U1 直流馬達 編號 M1 速度(-255~255) Speed 慧手U1 直流馬達 編號 M2 速度(-255~255) Speed 定義 Right 慧手U1 直流馬達 編號 M1 速度(-255~255) Speed 慧手U1 直流馬達 編號 M2 速度(-255~255) 0 - Speed 定義 Back 慧手U1 直流馬達 編號 M1 速度(-255~255) 0 - Speed 慧手U1 直流馬達 編號 M2 速度(-255~255) 0 - Speed 定義 Left 慧手U1 直流馬達 編號 M1 速度(-255~255) 0 - Speed 慧手U1 直流馬達 編號 M2 速度(-255~255) Speed 定義 Stop 慧手U1 直流馬達 編號 M1 速度(-255~255) 0 慧手U1 直流馬達 編號 M2 速度(-255~255) 0	1. 副程式 Go M1 馬達以 "Speed" 速度，M2 馬達以 "Speed" 速度，前進 2. 副程式 Right M1 馬達以 "Speed" 速度，M2 馬達以 "0-Speed" 速度，右轉 3. 副程式 Back M1 馬達以 "0-Speed" 速度，M2 馬達以 "0-Speed" 速度，後退 4. 副程式 Left M1 馬達以 "0-Speed" 速度，M2 馬達以 "Speed" 速度，左轉 5. 副程式 Stop M1 馬達以速度 0，M2 馬達速度 0，停止

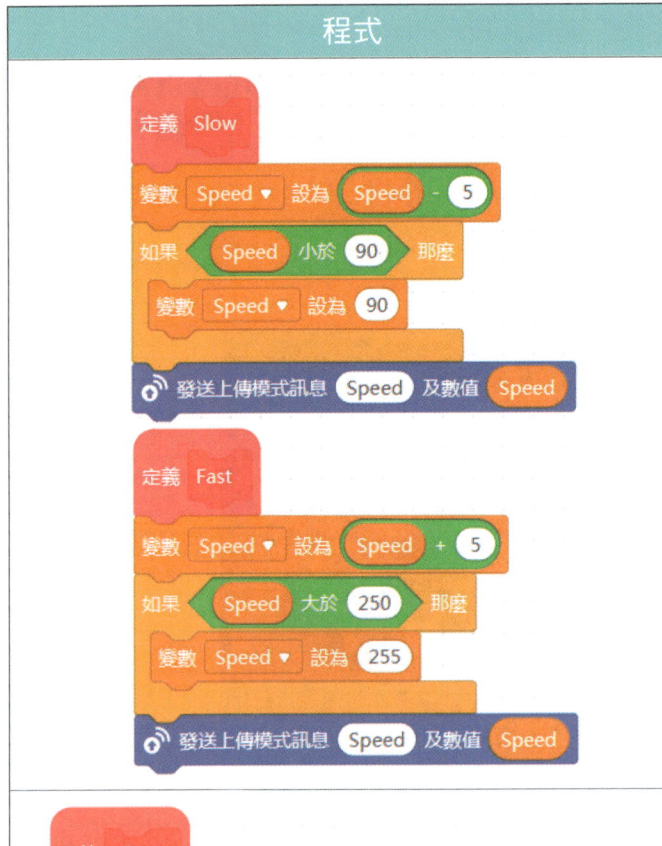

程式	說明
(積木程式圖：定義 Slow)	副程式 Slow 1. 將變數 Speed-5，如果變數 Speed<90，那麼將變數 "Speed" 設為 90，發送上傳模式訊息 "Speed" 及數值為變數 "Speed"
(積木程式圖：定義 Fast)	副程式 Fast 2. 將變數 Speed+5，如果變數 Speed>250，那麼將變數 Speed 設為 255，發送上傳模式訊息 "Speed" 及數值為變數 "Speed"
(積木程式圖：定義 ClewIn)	副程式 ClewIn 1. 將變數 Angle+5，如果變數 Speed>175，那麼將變數 Speed 設為 175，發送上傳模式訊息 "Angle" 及數值為變數 "Angle"，伺服馬達 D7(夾爪) 的旋轉角度為 Angle
(積木程式圖：定義 ClewOut)	副程式 ClewOut 2. 將變數 Angle-5，如果變數 Speed<5，那麼將變數 Speed 設為 5，發送上傳模式訊息 "Angle" 及數值為變數 "Angle"，伺服馬達 D7（夾爪）的旋轉角度為 Angle

4. 執行結果：

   (1) 當 Arduino 設備上傳程式成功，USB 傳輸線必須保持連接。

   (2) mBlock 執行畫面如下圖

   (3) 點按畫面的按鈕，所有功能都和使用 App「BLE JoyStick」一樣，可以觀察到夾爪車輪子運轉方向、加減速、還有夾爪開合，按 △ 減速、按 ✗ 加速；唯一不同的是它不會自動停止馬達轉動，因此只要點按舞台背景的任何位置，Arduino 都將收到訊息「0」並停止馬達轉動。

這個範例設計，充分使用到上傳廣播模式，讓 Arduino 設備端與電腦 mBlock 端之間互相上傳與接收廣播訊息，並各自接續執行的完整學習。

MLC 創客實作練習

題目名稱：天熱請開風扇

題目說明：

設計程式，讓 IPOE G1 機器人能夠在溫度高於 28 度時，打開電扇模型。

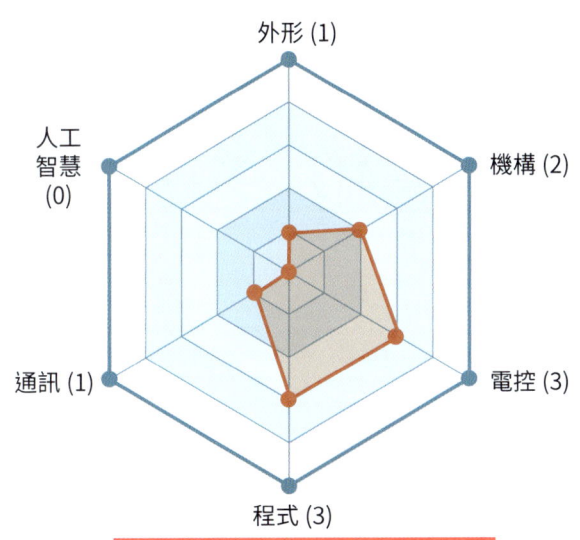

創客題目編號：A045007

創客學習力

實作時間：50min	
創客指標	指數
外形（專業）	1
機構	2
電控	3
程式	3
通訊	1
人工智慧	0
創客總數	10

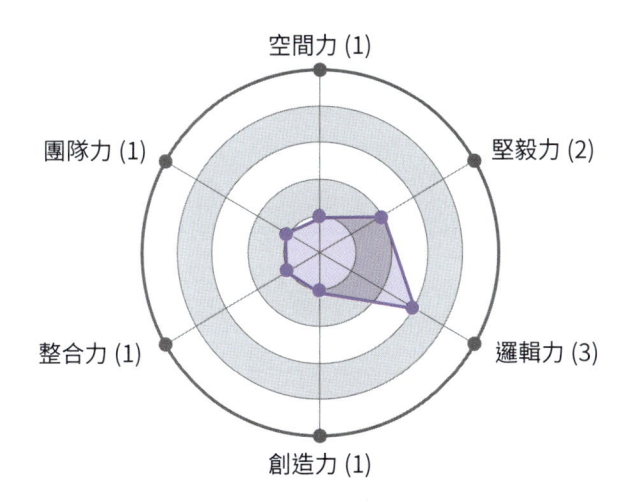

創客素養力

空間力	堅毅力	邏輯力	創造力	整合力	團隊力	素養總數
1	2	3	1	1	1	9

Chapter 9

AI 人工智慧鏡頭 Pixetto 與 IPOE G1 積木機器人應用

本章節次

9-1　Pixetto 基本的操作方法

9-2　AI──顏色辨識

因應學習 AI 人工智慧，IPOE G1 積木機器人特別選用導入 Pixetto AI 高畫質視覺感測器的專題應用，Pixetto AI 視覺感測器涵蓋了物體、形狀、顏色、人臉及手寫辨識等功能，並搭配機器學習平台，提供學生、創客與機器人愛好者一款靈活的 AI 解決方案。這不僅提供一系列的視覺感測器功能，可透過 Scratch（mBlock5）平台進行程式設計，使其成為學習程式碼和機器人應用的理想入門捷徑，更可以進一步提升我們對於 AI 視覺和機器人專題作品。

Pixetto 提供一系列可針對 Pixetto 視覺感測器進行設計編程的應用程式，主要分為兩個部分：線上機器學習加速器平台及離線 VIA Pixetto Studio。機器學習加速器為一種線上平台，提供預建模型庫、程式積木及神經網路模型應用等多種工具，並引導使用者能迅速投入 AI 視覺和機器人專案中。VIA Pixetto Studio 可以下載後用於離線操作，並由六個主要應用程式組成：Pixetto Utility、Pixetto Junior、Pixetto Launcher、Pixetto Editor、Pixetto Serial Tool 和 Pixetto Link。

9-1 Pixetto 基本的操作方法

Step.1 到 Pixetto 官網 https：//pixetto.ai/tw/，點擊網頁右上角的「軟體 & 文件」選項。進入頁面後向下滑到網頁的最底端，點擊「威盛 Pixetto 軟體套件」圖示，即可將 Pixetto Studio 下載到您的個人電腦。

★ 圖 9-1　威盛 Pixetto 軟體套件圖示

Step.2 下載的檔案為「pixetto-studio-window.exe」的軟體，點擊後文件即會自動安裝。安裝完成後，電腦桌面上則會出現下一項新的應用程式，執行後裡面分別包含另外六個應用程式：Pixetto Utility、Pixetto Junior、Pixetto Launcher、Pixetto Editor、Pixetto Serial Tool 和 Pixetto Link，如右圖所示。

★ 圖 9-2　Pixetto 的六個應用程式

Step.3 VIA Pixetto 盒子裡會有一個 Pixetto 視覺偵測器和兩條 Micro USB 2.0 連接線。為了 IPOE G1 積木機器人，我們準備了一條 4P-RJ11 傳輸線方便轉接；接線方式為：黑→黑、紅→紅、黃→黃、白→綠，使用時 Pixetto 視覺偵測器則將 RJ11 端插在 V3 感測板的 D3/D4 插孔。另外準備了一片轉接板固定 Pixetto 視覺偵測器，後方有積木的連接孔位，我們可以將 Pixetto 視覺偵測器組裝在積木模型上，方便組裝也可以避免碰觸到電路與鏡頭。

★ 圖 9-3　將 Pixetto 視覺偵測器組裝在積木模型上

Step.4 使用 Pixetto Utility 設定 Pixetto 視覺感測器。

(1) 將 Micro USB 2.0 線的一端插入 Pixetto 視覺感測器上的 Micro USB 2.0 端口，另一端插入電腦的 USB 2.0 或 3.0 端口，確認 Pixetto 上的三個 LED 燈點皆有亮起，並取下鏡頭蓋。

★ 圖 9-4　Micro USB 2.0 一端插入 Pixetto 視覺感測器、一端插入電腦

(2) 執行 Pixetto Utility，可以查看 Pixetto 鏡頭的即時影像。

9-2 AI──顏色辨識

顏色分類是 Pixetto 視覺感測器常用的功能；在事前準備工作時，請先執行 Pixetto Utility 應用程式，它可以設定在離線模式，選擇 Pixetto 視覺感測器的辨識功能。

Pixetto Utility 已經預設了許多辨識功能模式，我們先以最簡單的「顏色辨識」來體驗學習。在 Pixetto Utility 的視窗右上角，功能設定欄位的功能下方選擇「顏色偵測」，在顏色選單下方勾選「紅色」、「藍色」、「黃色」、「綠色」、「紫色」等（可自選）。完成後，點擊「套用」按鈕進行確認。

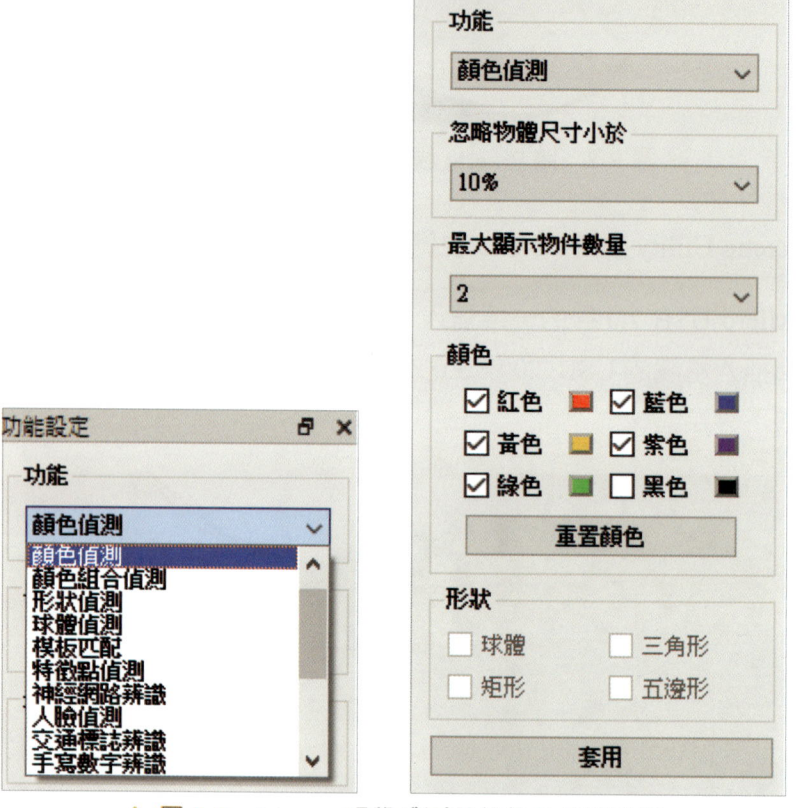

★ 圖 9-5　Pixetto 視覺感測器的顏色偵測功能

我們分別將藍色物體和紅色物體放在 Pixetto 的鏡頭前方來測試顏色偵測功能。當 Pixetto 檢測到顏色時，螢幕上會出現標有每個物體顏色名稱的綠色框，因此當看到藍色的東西時，它會顯示一個帶有「blue」標示的框，而當看到紅色的東西時，它將顯示一個帶有「red」標示的框。這代表顏色偵測有效！

AI 人工智慧鏡頭 Pixetto 與 IPOE G1 積木機器人應用

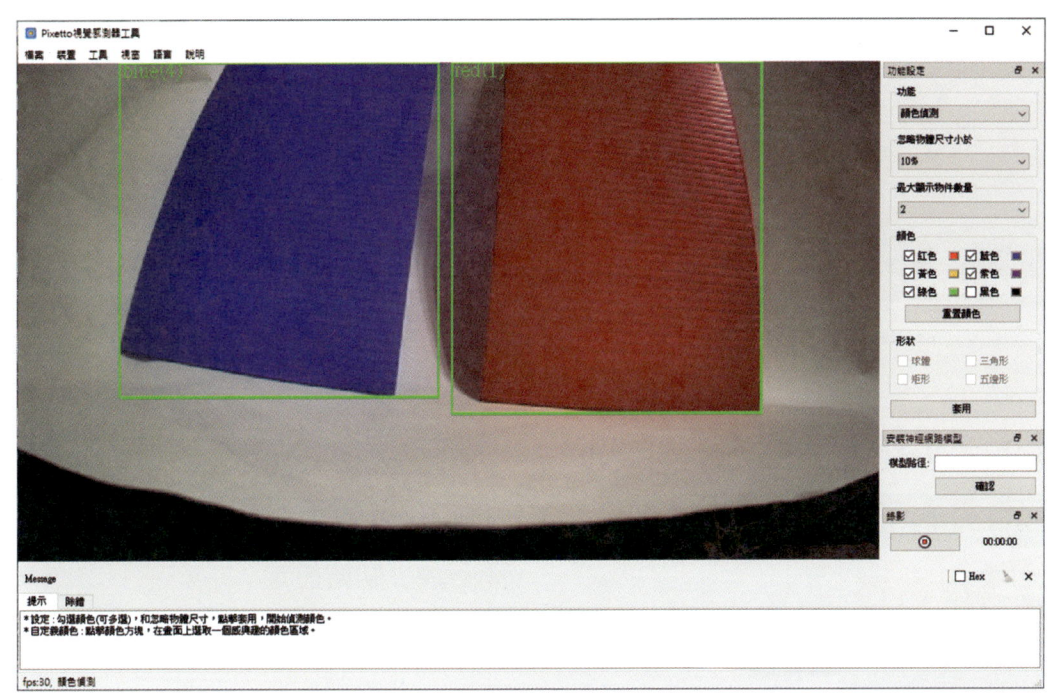

★ 圖 9-6　Pixetto 視覺感測器的顏色偵測功能

測試完成即可關閉 Pixetto Utility，並拔掉 Pixetto 上連結的 MicroUSB 2.0 線。

範例 9-A　顏色辨識

1. 功能簡介：設計程式，使用 Pixetto 視覺感測器辨識色卡，並將辨識的顏色訊息顯示在 LCD 液晶顯示器。

2. 軟硬體準備：

    Step.1　將 IPOE G1 控制板與 Pixetto 視覺感測器連接，將 RJ11 傳輸線的 RJ11 端插在 V3 感測板的 D3/D4 插孔。將 IPOE G1 控制板使用 USB 傳輸線連接電腦。

    Step.2　執行 mBlock5，確認與 Arduino Uno 連線。

    Step.3　請將分享資料夾（或到 https：//pixetto.ai/tw/tools-docs-tw/ 下載）的延伸積木 pixetto-for-arduino.mext 拖曳到 mBlock5 畫面中，即可完成增加 Pixetto 擴展積木。

159

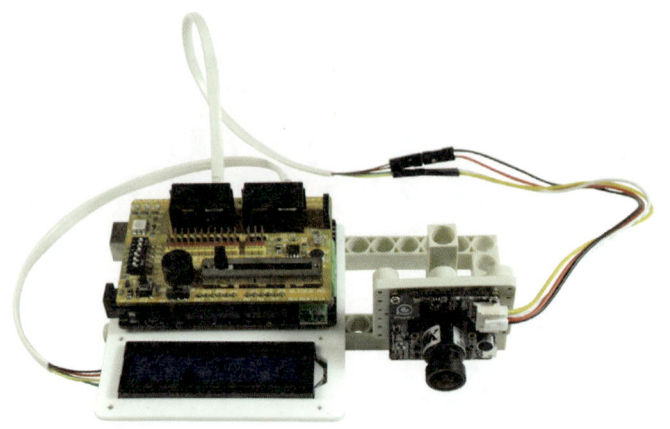

Arduino G1 積木機器人實作與 AI 應用

3. 程式 9-A AI- 顏色辨識 .mblock

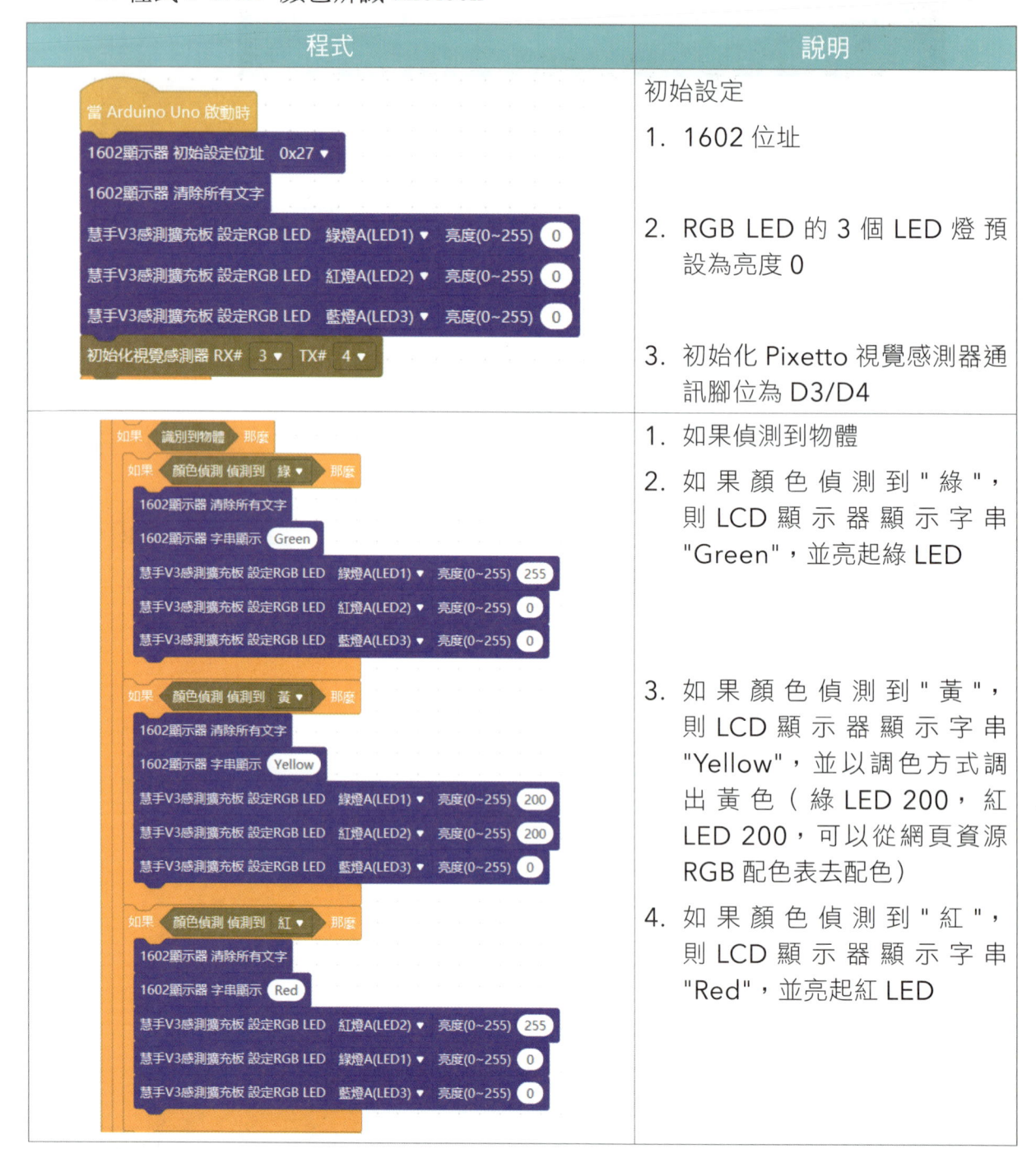

程式	說明
(當 Arduino Uno 啟動時 1602顯示器 初始設定位址 0x27 1602顯示器 清除所有文字 慧手V3感測擴充板 設定RGB LED 綠燈A(LED1) 亮度(0~255) 0 慧手V3感測擴充板 設定RGB LED 紅燈A(LED2) 亮度(0~255) 0 慧手V3感測擴充板 設定RGB LED 藍燈A(LED3) 亮度(0~255) 0 初始化視覺感測器 RX# 3 TX# 4)	初始設定 1. 1602 位址 2. RGB LED 的 3 個 LED 燈預設為亮度 0 3. 初始化 Pixetto 視覺感測器通訊腳位為 D3/D4
(如果 識別到物體 那麼 　如果 顏色偵測 偵測到 綠 那麼 　　1602顯示器 清除所有文字 　　1602顯示器 字串顯示 Green 　　慧手V3感測擴充板 設定RGB LED 綠燈A(LED1) 亮度(0~255) 255 　　慧手V3感測擴充板 設定RGB LED 紅燈A(LED2) 亮度(0~255) 0 　　慧手V3感測擴充板 設定RGB LED 藍燈A(LED3) 亮度(0~255) 0 　如果 顏色偵測 偵測到 黃 那麼 　　1602顯示器 清除所有文字 　　1602顯示器 字串顯示 Yellow 　　慧手V3感測擴充板 設定RGB LED 綠燈A(LED1) 亮度(0~255) 200 　　慧手V3感測擴充板 設定RGB LED 紅燈A(LED2) 亮度(0~255) 200 　　慧手V3感測擴充板 設定RGB LED 藍燈A(LED3) 亮度(0~255) 0 　如果 顏色偵測 偵測到 紅 那麼 　　1602顯示器 清除所有文字 　　1602顯示器 字串顯示 Red 　　慧手V3感測擴充板 設定RGB LED 紅燈A(LED2) 亮度(0~255) 255 　　慧手V3感測擴充板 設定RGB LED 綠燈A(LED1) 亮度(0~255) 0 　　慧手V3感測擴充板 設定RGB LED 藍燈A(LED3) 亮度(0~255) 0)	1. 如果偵測到物體 2. 如果顏色偵測到 " 綠 "，則 LCD 顯示器顯示字串 "Green"，並亮起綠 LED 3. 如果顏色偵測到 " 黃 "，則 LCD 顯示器顯示字串 "Yellow"，並以調色方式調出黃色（綠 LED 200，紅 LED 200，可以從網頁資源 RGB 配色表去配色） 4. 如果顏色偵測到 " 紅 "，則 LCD 顯示器顯示字串 "Red"，並亮起紅 LED

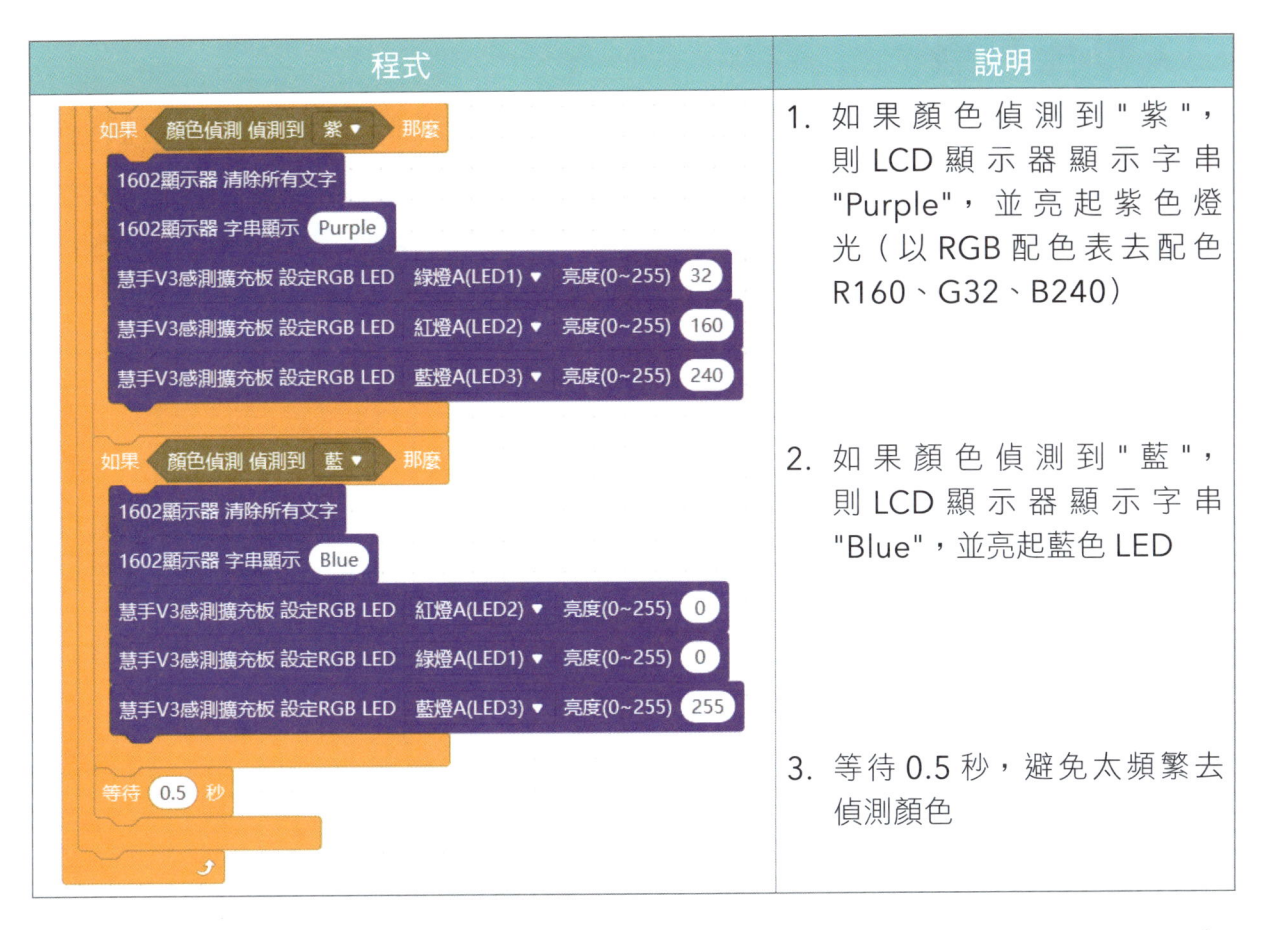

程式	說明
如果 顏色偵測 偵測到 紫 那麼 1602顯示器 清除所有文字 1602顯示器 字串顯示 Purple 慧手V3感測擴充板 設定RGB LED 綠燈A(LED1) 亮度(0~255) 32 慧手V3感測擴充板 設定RGB LED 紅燈A(LED2) 亮度(0~255) 160 慧手V3感測擴充板 設定RGB LED 藍燈A(LED3) 亮度(0~255) 240	1. 如果顏色偵測到"紫"，則 LCD 顯示器顯示字串 "Purple"，並亮起紫色燈光（以 RGB 配色表去配色 R160、G32、B240）
如果 顏色偵測 偵測到 藍 那麼 1602顯示器 清除所有文字 1602顯示器 字串顯示 Blue 慧手V3感測擴充板 設定RGB LED 紅燈A(LED2) 亮度(0~255) 0 慧手V3感測擴充板 設定RGB LED 綠燈A(LED1) 亮度(0~255) 0 慧手V3感測擴充板 設定RGB LED 藍燈A(LED3) 亮度(0~255) 255 等待 0.5 秒	2. 如果顏色偵測到"藍"，則 LCD 顯示器顯示字串 "Blue"，並亮起藍色 LED 3. 等待 0.5 秒，避免太頻繁去偵測顏色

4. 執行結果：上傳程式，確認 Pixetto 視覺感測器 3 個 LED 都亮起，紅色 LED 快速閃爍，開始偵測。我們可以使用「紅色」、「藍色」、「黃色」、「綠色」、「紫色」等色紙卡片，放在 Pixetto 鏡頭前，當顏色辨識成功，例如將藍色紙卡放在鏡頭前，則亮起藍 LED，LCD 上就會顯示「Blue」。

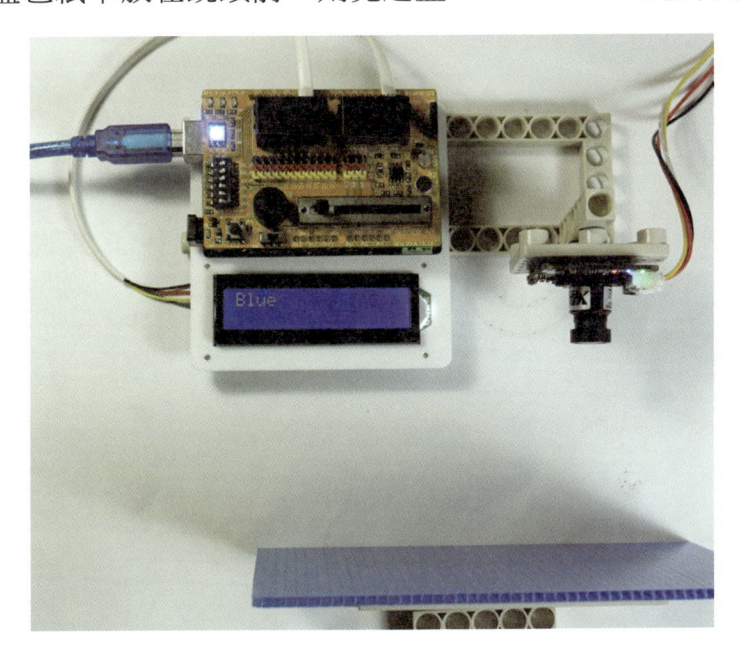

範例 9-B　AI- 變色龍

1. 功能簡介：這個題目參考及引用 Pixetto 官網上的範例，我們將其實體化，增加為實體的變色龍。利用 IPOE G1 感測板上的 RGB LED，隨著 Pixetto 視覺感測器的偵測，與舞台區的變色龍一起靈活地改變顏色。為了能結合實體的 Arduino 與電腦 mBlock5 互動，我們採用上傳模式廣播，在設備 Arduino 與 mBlock5 角色變色龍分別設計程式，並應用上傳模式廣播來虛實互動。

2. 軟硬體準備：

   Step.1　雷切或剪厚紙卡：變色龍造型（分享資料夾：變色龍 .dxf），這個變色龍造型是直接卡在感測擴展板上、RGB LED 的上方，並利用 RGB LED 顯示的色光，來照射與變化變色龍的顏色。

   Step.2　到 http：//cdn.viaembedded.com/Pixetto/Demo/Chameleon.sb3 下載「Chameleon.sb3」檔案。

   Step.3　執行 mBlock5，開啟 Chameleon.sb3，我們僅保留變色龍角色的造型設計。開始編輯造型，使用填色分別做出「red」、「yellow」、「green」、「blue」、「purple」五種顏色的變色龍造型。

   Step.4　增加擴展積木，角色與設備都要增加「上傳模式廣播」；設備增加「Pixetto」與「IPOE G1 專用擴增積木」。

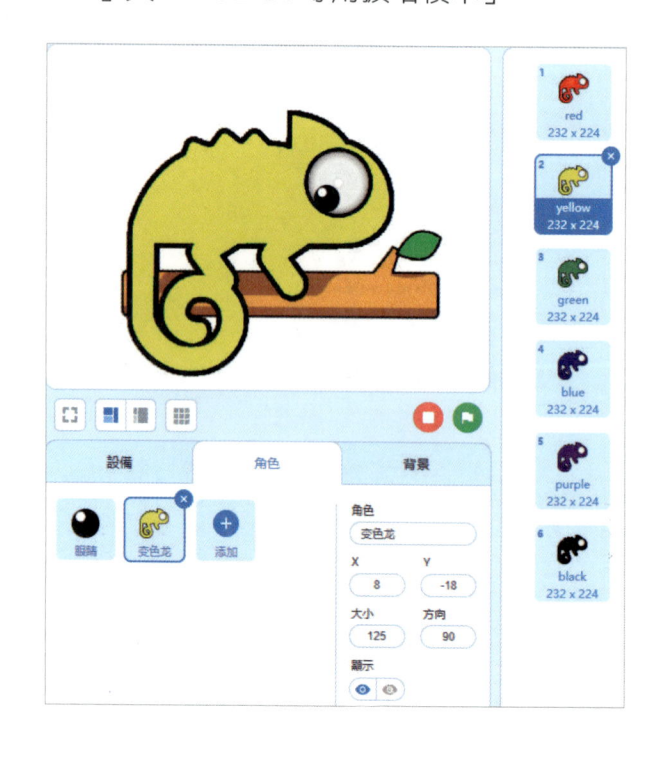

3. 程式 9-B AI- 變色龍 .mblock

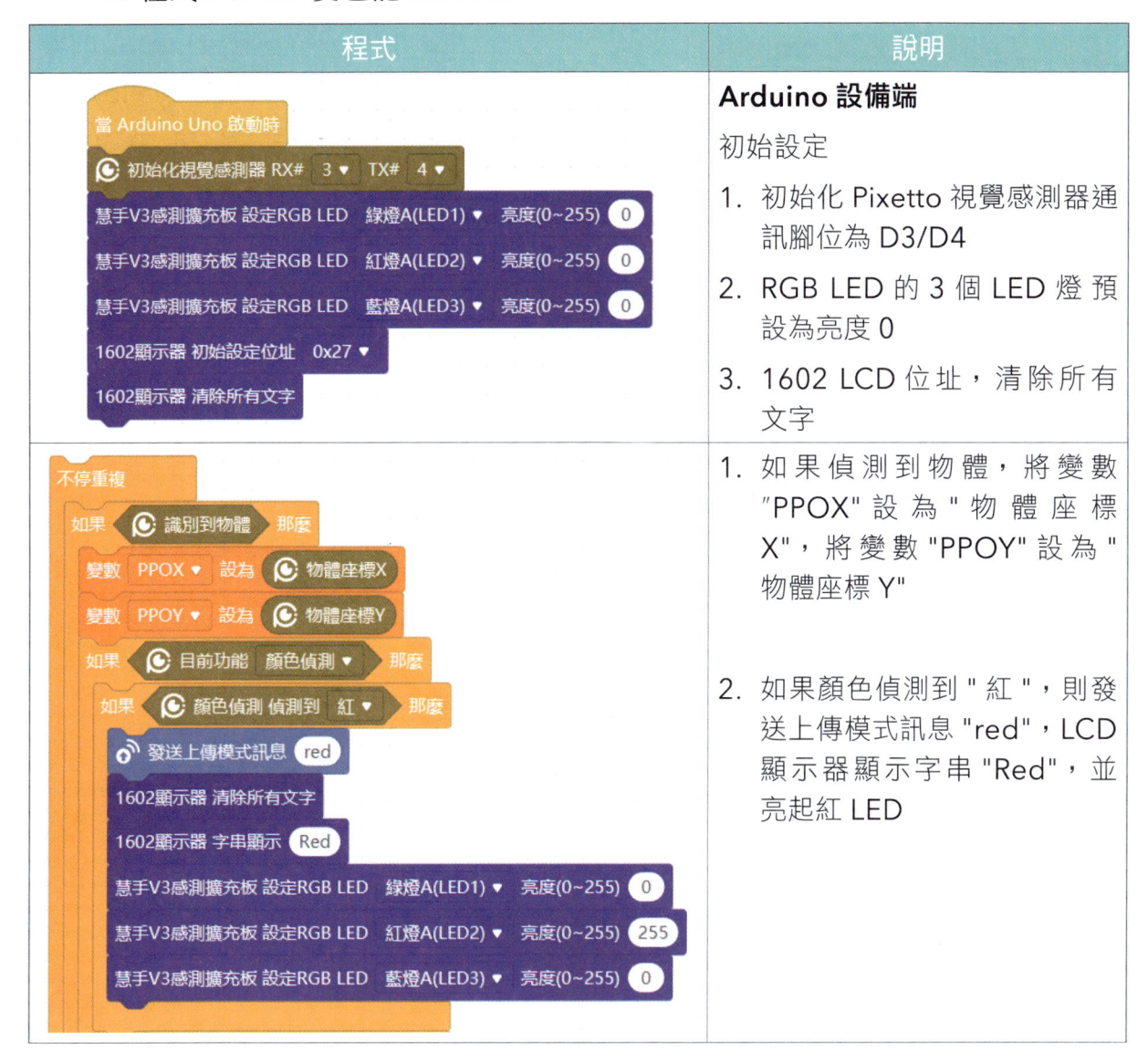

程式	說明
當 Arduino Uno 啟動時 初始化視覺感測器 RX# 3 TX# 4 慧手V3感測擴充板 設定RGB LED 綠燈A(LED1) 亮度(0~255) 0 慧手V3感測擴充板 設定RGB LED 紅燈A(LED2) 亮度(0~255) 0 慧手V3感測擴充板 設定RGB LED 藍燈A(LED3) 亮度(0~255) 0 1602顯示器 初始設定位址 0x27 1602顯示器 清除所有文字	**Arduino 設備端** 初始設定 1. 初始化 Pixetto 視覺感測器通訊腳位為 D3/D4 2. RGB LED 的 3 個 LED 燈預設為亮度 0 3. 1602 LCD 位址，清除所有文字
不停重複 如果 識別到物體 那麼 變數 PPOX 設為 物體座標X 變數 PPOY 設為 物體座標Y 如果 目前功能 顏色偵測 那麼 如果 顏色偵測 偵測到 紅 那麼 發送上傳模式訊息 red 1602顯示器 清除所有文字 1602顯示器 字串顯示 Red 慧手V3感測擴充板 設定RGB LED 綠燈A(LED1) 亮度(0~255) 0 慧手V3感測擴充板 設定RGB LED 紅燈A(LED2) 亮度(0~255) 255 慧手V3感測擴充板 設定RGB LED 藍燈A(LED3) 亮度(0~255) 0	1. 如果偵測到物體，將變數 "PPOX" 設為 "物體座標X"，將變數 "PPOY" 設為 "物體座標Y" 2. 如果顏色偵測到 "紅"，則發送上傳模式訊息 "red"，LCD 顯示器顯示字串 "Red"，並亮起紅 LED

程式	說明
（如果 顏色偵測 偵測到 黃 那麼；發送上傳模式訊息 yellow；1602顯示器 清除所有文字；1602顯示器 字串顯示 Yellow；慧手V3感測擴充板 設定RGB LED 綠燈A(LED1) 亮度(0~255) 150；慧手V3感測擴充板 設定RGB LED 紅燈A(LED2) 亮度(0~255) 150；慧手V3感測擴充板 設定RGB LED 藍燈A(LED3) 亮度(0~255) 0）（如果 顏色偵測 偵測到 藍 那麼；發送上傳模式訊息 blue；1602顯示器 清除所有文字；1602顯示器 字串顯示 Blue；慧手V3感測擴充板 設定RGB LED 綠燈A(LED1) 亮度(0~255) 0；慧手V3感測擴充板 設定RGB LED 紅燈A(LED2) 亮度(0~255) 0；慧手V3感測擴充板 設定RGB LED 藍燈A(LED3) 亮度(0~255) 255）（如果 顏色偵測 偵測到 綠 那麼；發送上傳模式訊息 green；1602顯示器 清除所有文字；1602顯示器 字串顯示 Green；慧手V3感測擴充板 設定RGB LED 綠燈A(LED1) 亮度(0~255) 255；慧手V3感測擴充板 設定RGB LED 紅燈A(LED2) 亮度(0~255) 0；慧手V3感測擴充板 設定RGB LED 藍燈A(LED3) 亮度(0~255) 0）	1. 如果顏色偵測到 "黃"，則發送上傳模式訊息 "yellow"，LCD 顯示器顯示字串 "Yellow"，並亮起黃色燈光 2. 如果顏色偵測到 "藍"，則發送上傳模式訊息 "blue"，LCD 顯示器顯示字串 "Blue"，並亮起藍 LED 3. 如果顏色偵測到 "綠"，則發送上傳模式訊息 "green"，LCD 顯示器顯示字串 "Green"，並亮起綠 LED

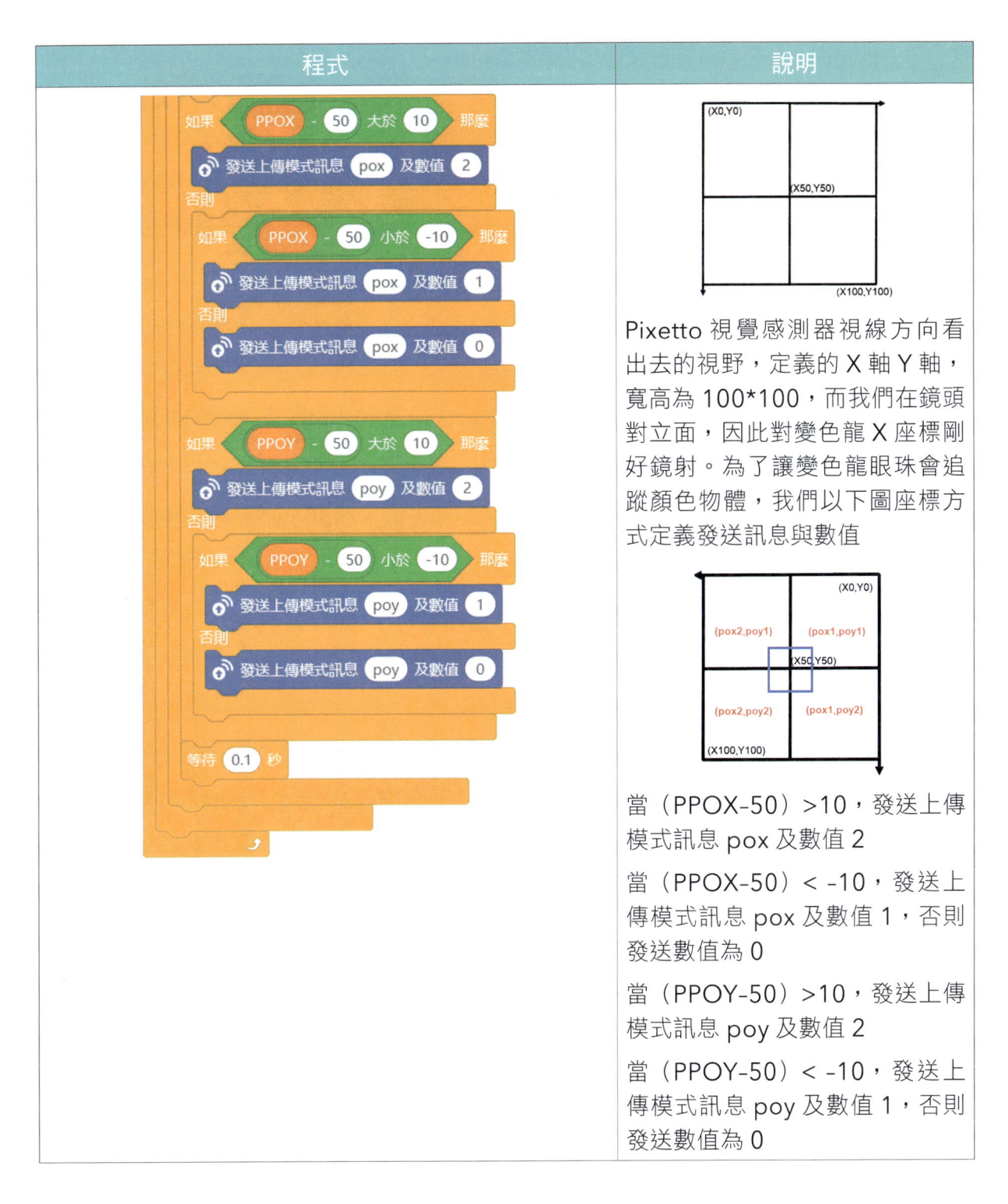

AI 人工智慧鏡頭 Pixetto 與 IPOE G1 積木機器人應用

程式	說明
（積木程式圖）	Pixetto 視覺感測器視線方向看出去的視野，定義的 X 軸 Y 軸，寬高為 100*100，而我們在鏡頭對立面，因此對變色龍 X 座標剛好鏡射。為了讓變色龍眼珠會追蹤顏色物體，我們以下圖座標方式定義發送訊息與數值 當（PPOX-50）>10，發送上傳模式訊息 pox 及數值 2 當（PPOX-50）< -10，發送上傳模式訊息 pox 及數值 1，否則發送數值為 0 當（PPOY-50）>10，發送上傳模式訊息 poy 及數值 2 當（PPOY-50）< -10，發送上傳模式訊息 poy 及數值 1，否則發送數值為 0

程式積木內容：
- 如果 (PPOX - 50) 大於 10 那麼：發送上傳模式訊息 pox 及數值 2
- 否則如果 (PPOX - 50) 小於 -10 那麼：發送上傳模式訊息 pox 及數值 1
- 否則：發送上傳模式訊息 pox 及數值 0
- 如果 (PPOY - 50) 大於 10 那麼：發送上傳模式訊息 poy 及數值 2
- 否則如果 (PPOY - 50) 小於 -10 那麼：發送上傳模式訊息 poy 及數值 1
- 否則：發送上傳模式訊息 poy 及數值 0
- 等待 0.1 秒

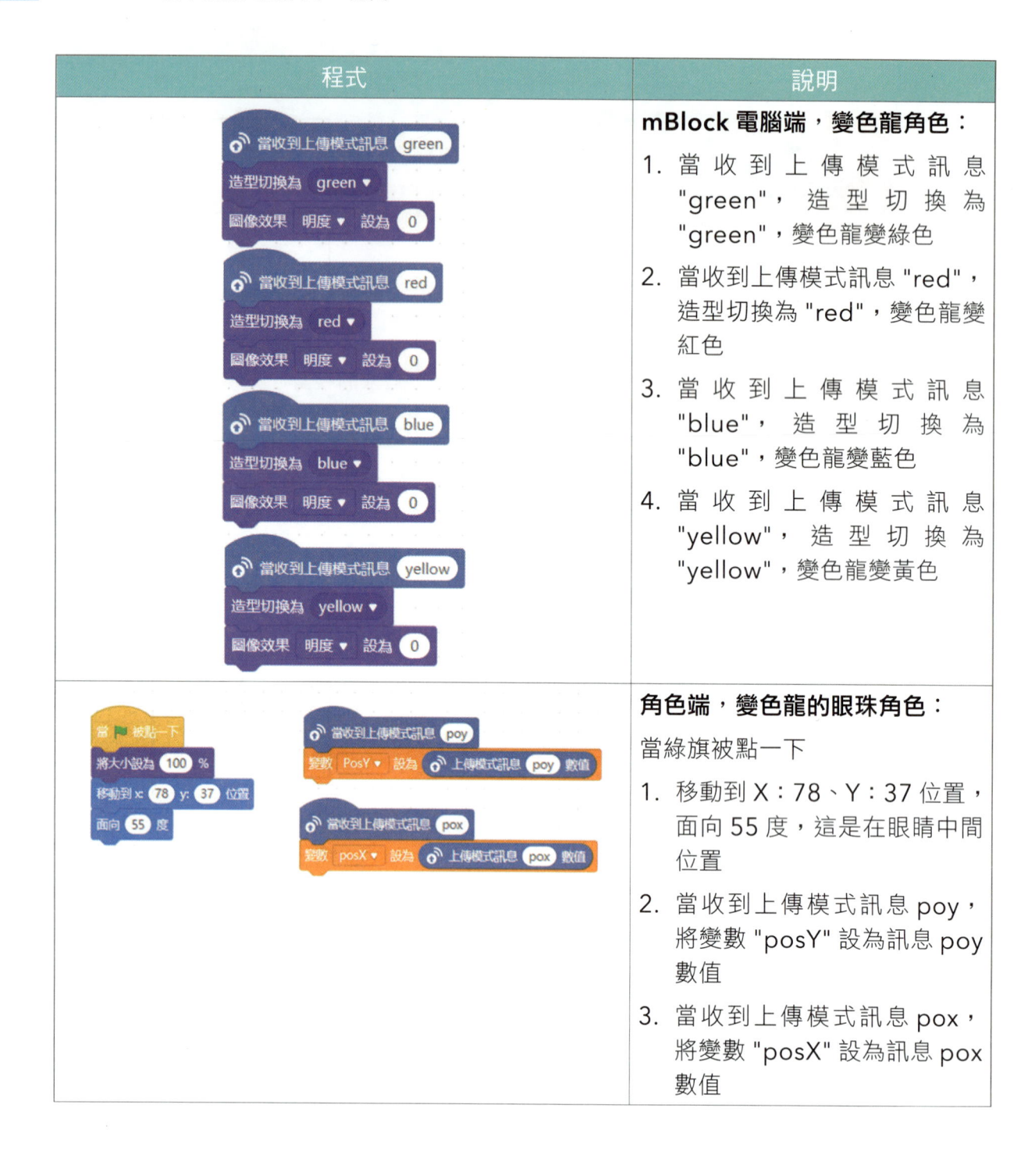

程式	說明
(積木程式：當收到上傳模式訊息 green，造型切換為 green，圖像效果 明度 設為 0；當收到上傳模式訊息 red，造型切換為 red，圖像效果 明度 設為 0；當收到上傳模式訊息 blue，造型切換為 blue，圖像效果 明度 設為 0；當收到上傳模式訊息 yellow，造型切換為 yellow，圖像效果 明度 設為 0)	**mBlock 電腦端，變色龍角色：** 1. 當收到上傳模式訊息 "green"，造型切換為 "green"，變色龍變綠色 2. 當收到上傳模式訊息 "red"，造型切換為 "red"，變色龍變紅色 3. 當收到上傳模式訊息 "blue"，造型切換為 "blue"，變色龍變藍色 4. 當收到上傳模式訊息 "yellow"，造型切換為 "yellow"，變色龍變黃色
(積木程式：當綠旗被點一下，將大小設為 100%，移動到 x:78 y:37 位置，面向 55 度；當收到上傳模式訊息 poy，變數 PosY 設為 上傳模式訊息 poy 數值；當收到上傳模式訊息 pox，變數 posX 設為 上傳模式訊息 pox 數值)	**角色端，變色龍的眼珠角色：** 當綠旗被點一下 1. 移動到 X：78、Y：37 位置，面向 55 度，這是在眼睛中間位置 2. 當收到上傳模式訊息 poy，將變數 "posY" 設為訊息 poy 數值 3. 當收到上傳模式訊息 pox，將變數 "posX" 設為訊息 pox 數值

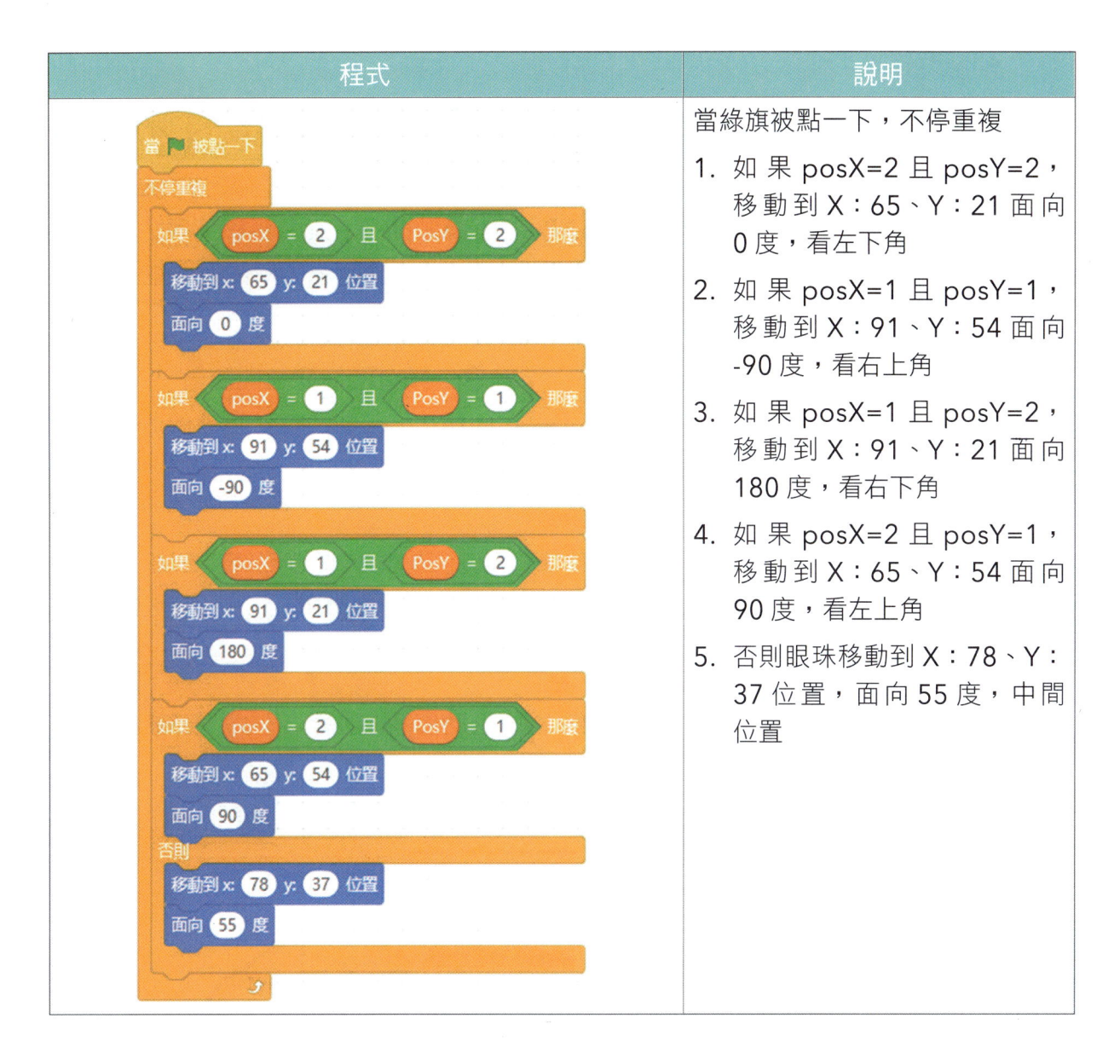

程式	說明
(程式積木圖)	當綠旗被點一下，不停重複 1. 如果 posX=2 且 posY=2，移動到 X：65、Y：21 面向 0 度，看左下角 2. 如果 posX=1 且 posY=1，移動到 X：91、Y：54 面向 -90 度，看右上角 3. 如果 posX=1 且 posY=2，移動到 X：91、Y：21 面向 180 度，看右下角 4. 如果 posX=2 且 posY=1，移動到 X：65、Y：54 面向 90 度，看左上角 5. 否則眼珠移動到 X：78、Y：37 位置，面向 55 度，中間位置

4. 執行結果：

(1) 上傳程式，確認 IPOE G1 控制板上的 Pixetto 視覺感測器，3 個 LED 都亮起來，紅色 LED 快速閃爍，並開始偵測。

(2) 我們可以使用色紙卡片，放在 Pixetto 鏡頭前，當鏡頭辨識到顏色紙卡，例如辨識到藍色紙卡則亮起藍 LED，LCD 並顯示「Blue」，變色龍實體隨著燈光變成藍色，共有 4 種顏色變化。

(3) 在電腦端的 mBlock，記得點一下綠旗，舞台區的變色龍隨著 Pixetto 鏡頭偵測改變顏色，將色卡放在鏡頭前上下左右移動時，變色龍的眼珠也會追蹤色卡並跟著轉動，十分生動有趣。

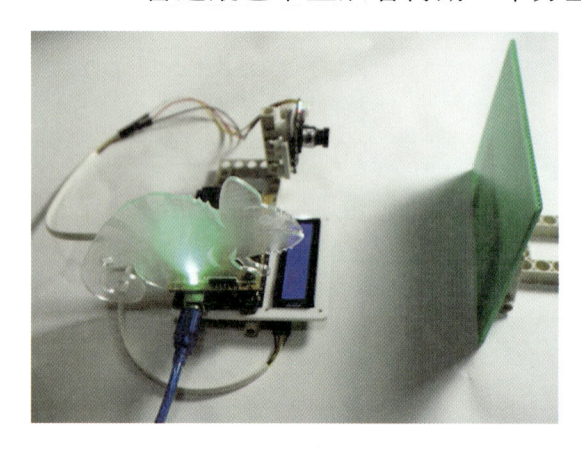

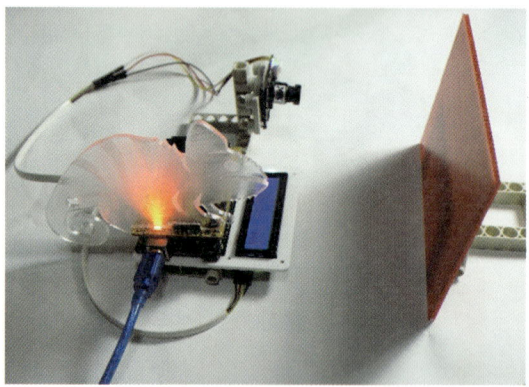

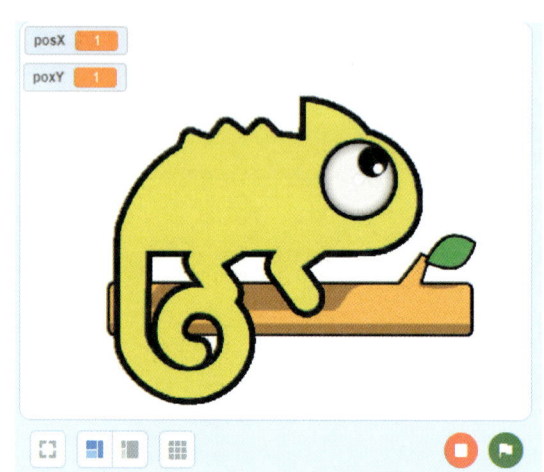

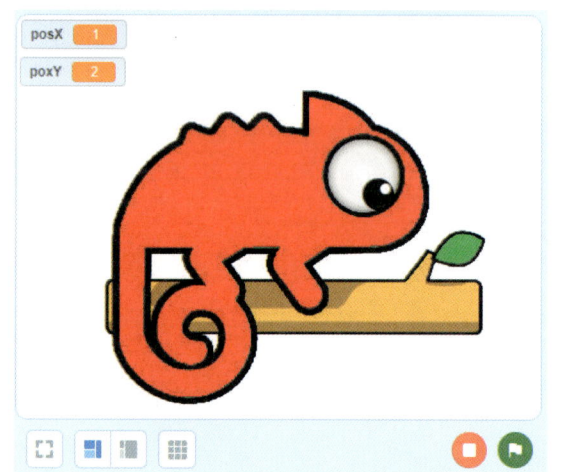

範例 9-C　AI- 顏色分類機

1. 功能簡介：應用先前學習的顏色辨識，組裝一台以積木建構的顏色分類機。
2. 軟硬體準備：由於需要較多的積木來建構，建議使用 P0 機構積木箱來做補充，或採購此專題組合的積木補充包。增加的零件如下：

底盤 X2	15cm 大長方架 X1	10cm 長方架 X4	3 孔超長條 X2
5 孔超長條 - 側孔 X5	11 孔長條 X3	20T 小齒輪 X1	40T 中齒輪 X1
長結合鍵 X8	小鏈輪 X1	中鏈輪 X1	70mm 傳動軸 X1
100mm 傳動軸 X1	鏈條 X50	軸扣環 X2	三色方塊積木

3. 組裝步驟如下：

Step.1 底盤與長框組合，使用長條連接。

Step.2 組合大長方框並準備直流馬達。

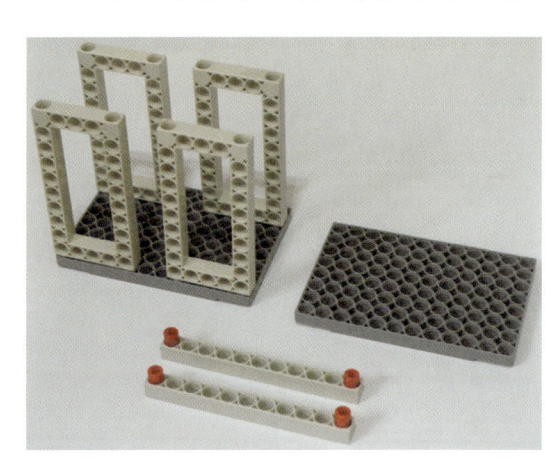

Step.3 將直流馬達結合在底盤上,由上數第 4 個孔位。

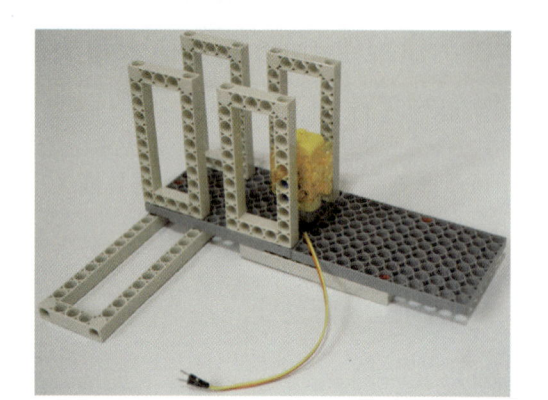

Step.4 組裝小齒輪,準備 10 公分與 7 公分 2 軸的組裝零件。

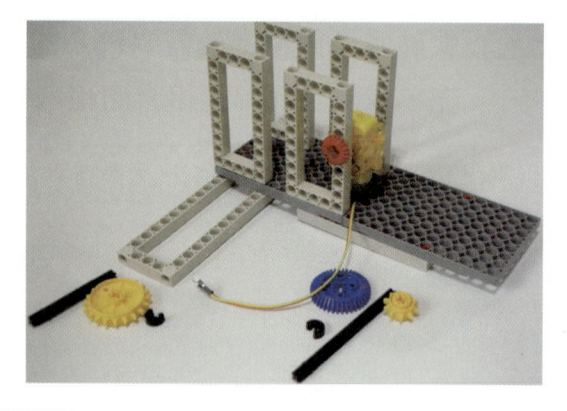

Step.5 將 10 公分軸 A 處裝中齒輪可以減速,B 處裝小鏈輪並置中,C 處使用橡膠軸扣環定位。

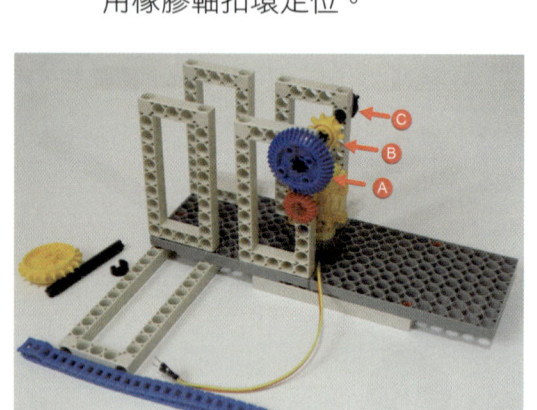

Step.6 將 7 公分軸 D 處裝中鏈輪並置中,E 處使用橡膠軸扣環定位。

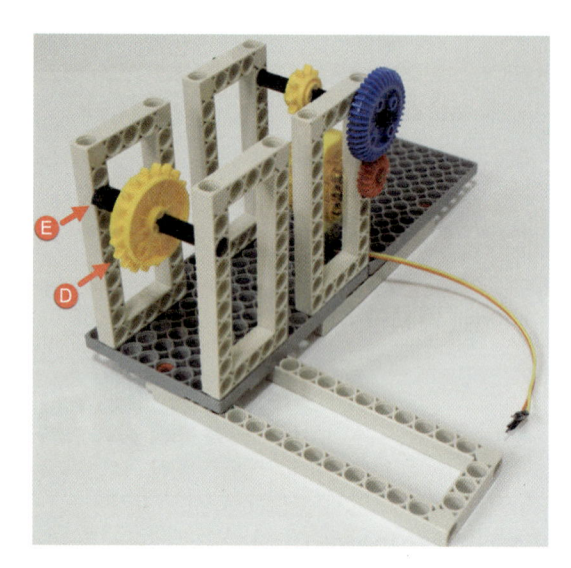

Step.7 依照實際長度組裝鍊條,約 48 節。

Step.8 將伺服馬達組裝在旋轉滑槽。

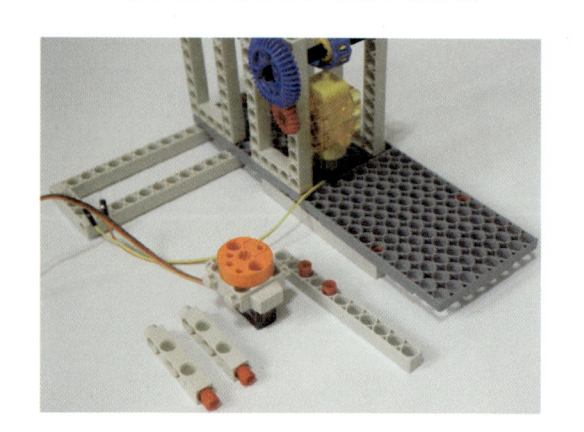

Step.9　可以調整伺服馬達與滑槽的傾斜度。

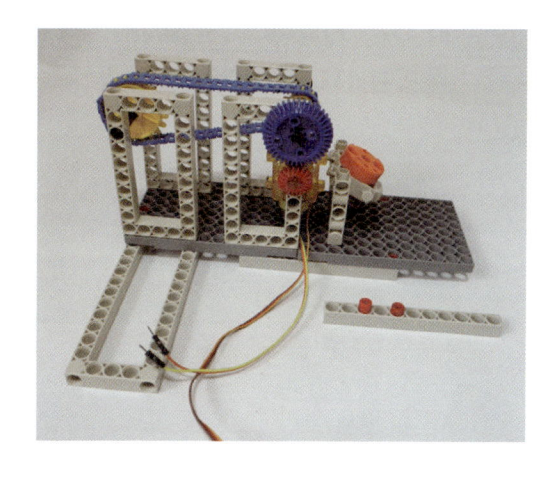

Step.10　組裝長條用來支撐旋轉滑槽。

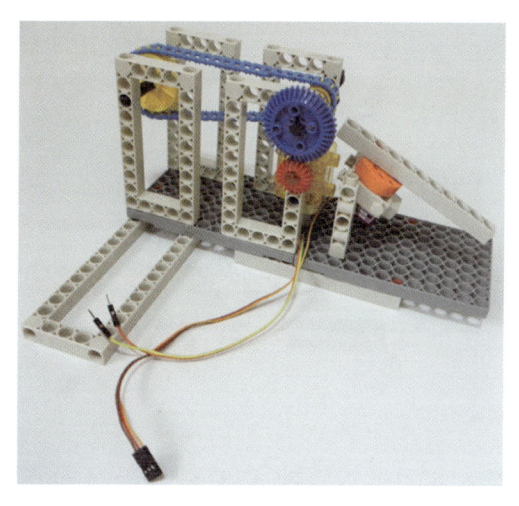

Step.11　使用白紙作為輸送帶，寬度約 4.6 公分略小於支架寬度，滑槽使用硬紙板做成上寬下窄，配合分類的材料來設計，上端剪成弧形以伺服馬達軸心的圓弧，轉角度時才不會干涉輸送帶。

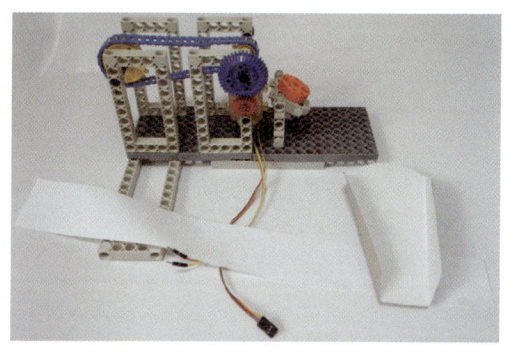

Step.12　輸送帶使用雙面膠帶 2 端黏貼好，與鏈條僅 1、2 處黏貼即可；滑槽使用雙面膠帶黏貼在長條面上。

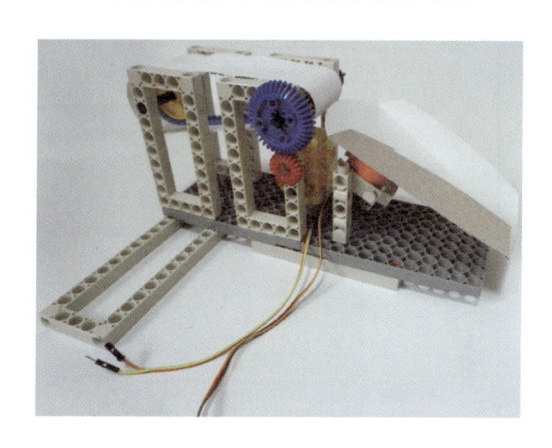

Step.13　使用 3 孔超長條與 5 孔超長條組裝 Pixetto 視覺感測器支架。

Step.14　組裝 Pixetto 視覺感測器支架與本體，支架旁有結合孔，可隨感測物品大小調整鏡頭高度。

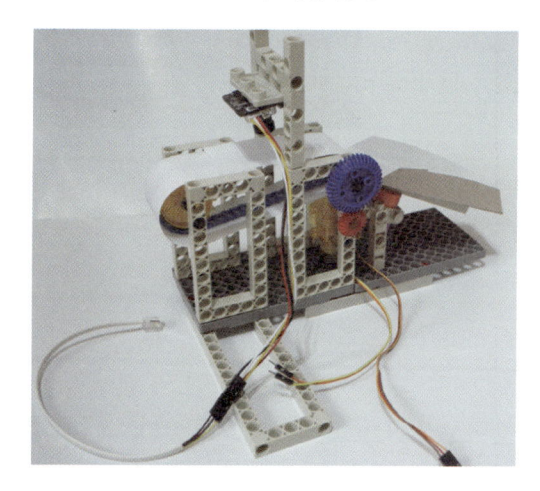

Arduino G1 積木機器人實作與 AI 應用

Step.15 固定控制板，拔開感測板，將直流馬達電源線連接在 M1 端子台。

Step.16 結合感測板，將伺服馬達控制線接於 D7，Pixetto 視覺感測器的 RJ11 線接在 D3/D4，並裝上外供電源。

Step.17 組裝完成，請注意伺服馬達出廠組裝時經過校正，在 90 度時 2 個配合孔應該是平行於外框，因此滑料的紙槽應該對準在中間位置。如果位置不對，請應用 mBlock 程式  ，再用螺絲起子取下橙色的轉盤，對準平行後組裝好即可。

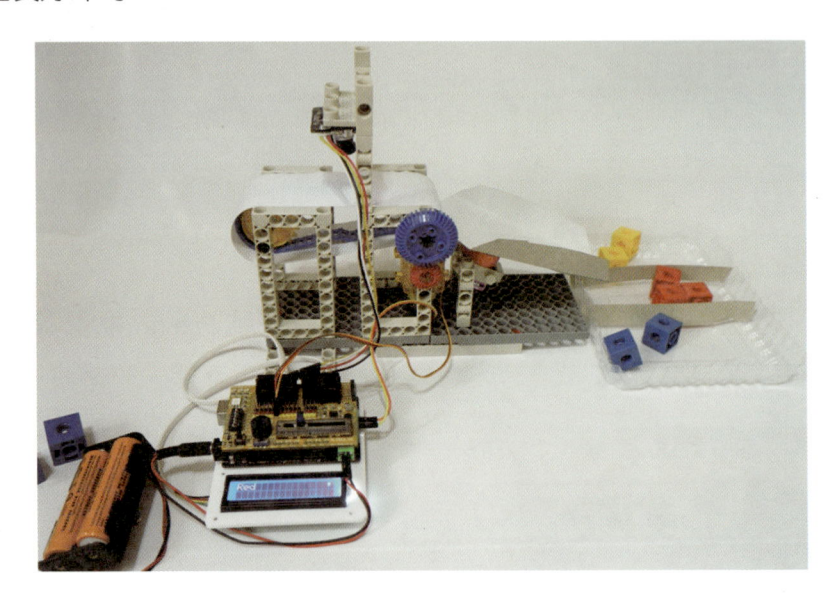

172

4. 程式 9-C 顏色分類機 .mblock

程式	說明
（程式積木區塊： 當 Arduino Uno 啟動時 初始化視覺感測器 RX# 3 TX# 4 SG-90 伺服馬達 腳位 D7 旋轉角度(0~180) 90 延遲 50 1602顯示器 初始設定位址 0x27 1602顯示器 清除所有文字 1602顯示器 設定游標位置 行 0 列 0 1602顯示器 字串顯示 Color Sorter 1602顯示器 設定游標位置 行 0 列 1 1602顯示器 字串顯示 Press D2 start 等待直到 慧手V3感測擴充板 讀取按鈕狀態）	**Arduino 設備端** 初始設定 1. 初始化 Pixetto 視覺感測器通訊腳位為 D3/D4 2. 伺服馬達 D7 角度 90 度延遲 0.05 秒，滑槽初始對準中間收集盒。 3. 1602 LCD 位址，清除所有文字 4. LCD 顯示 "Color Sorter"，"Press D2 start" 5. 等待直到感測板上的 D2 按鈕被按下，開始執行
（程式積木區塊： 不停重複 　慧手U1 直流馬達 編號 M1 速度(-255~255) -150 　如果 識別到物體 那麼 　　1602顯示器 清除所有文字 　　如果 目前功能 顏色偵測 那麼 　　　如果 顏色偵測 偵測到 黃 那麼 　　　　1602顯示器 字串顯示 Yellow 　　　　SG-90 伺服馬達 腳位 D7 旋轉角度(0~180) 115 延遲 100 　　　如果 顏色偵測 偵測到 紅 那麼 　　　　1602顯示器 字串顯示 Red 　　　　SG-90 伺服馬達 腳位 D7 旋轉角度(0~180) 90 延遲 100 　　　如果 顏色偵測 偵測到 藍 那麼 　　　　1602顯示器 字串顯示 Blue 　　　　SG-90 伺服馬達 腳位 D7 旋轉角度(0~180) 65 延遲 100 　　等待 1 秒）	不停重複 1. M1 直流馬達以 PWM150 反轉 2. 如果識別到物體，則 LCD 清除所有文字 3. 如果顏色偵測到 "黃"，LCD 顯示器顯示字串 "Yellow"，伺服馬達旋轉角度 115，延遲 100 毫秒 4. 如果顏色偵測到 "紅"，LCD 顯示器顯示字串 "Red"，並亮起紅 LED，伺服馬達旋轉角度 90，延遲 100 毫秒 5. 如果顏色偵測到 "藍"，LCD 顯示器顯示字串 "Blue"，並亮起藍 LED，伺服馬達旋轉角度 65，延遲 100 毫秒 6. 等待 1 秒 註：滑槽初始角度對準中間收集槽，兩側角度分別設計為 115 度與 65 度，可依實際組裝與執行情形進行角度修正

4. 執行結果：

    (1) 上傳程式，確認 Pixetto 視覺感測器的 3 個 LED 都亮起，紅色 LED 快速閃爍，開始偵測。

    (2) 按一下感測板上的按鈕啟動 D2，這時輸送帶開始運轉。

    (3) 可以擺上有紅、黃、綠三色的積木方塊，或是自製的三色物體，當 Pixetto 視覺感測器感測到不同顏色，則伺服馬達轉動斜面滑槽，導引紅、黃、綠三色方塊物體分類到不同的收集盒中。

本機構裝置使用積木組裝，可以組裝成不同型態的輸送與分類機構，請發揮創意自行改裝。

範例 9-D 交通號誌辨識與 IPOE G1 積木機器人控制

1. 功能簡介：Pixetto 視覺感測器預設的辨識功能很多樣，與車輛有關的功能有交通號誌辨識與車道辨識兩種。本範例以交通號誌辨識功能，控制自走車循跡行走，並依偵測到的交通號誌決定下階段行走的路徑。

2. 軟硬體準備：

    (1) 交通號誌的紙卡樣本可至 https：//learn.pixetto.ai/zh/ 辨識交通號誌 / 下載，並列印成適當大小。

    (2) 首先將 Pixetto 視覺感測器插上 USB 線與電腦連接，在 Pixetto Utility 的視窗右上角，在「功能」選項下方選擇「交通號誌辨識」，並以號誌樣本測試功能正常後，點擊「套用」按鈕進行確認，再拔除 USB 線，以 RJ11 連線接在 D3/D4 插孔。

(3) 利用循跡場地圖以及組裝 IPOE G1 循跡自走車，並結合 Pixetto 視覺感測器功能，我們來製作一台可辨識交通號誌，且能自行選擇不同循跡路徑的自走車。

組裝配備如下：

Step.1　準備組裝五孔超長條。

Step.2　組裝完成五孔超長條。

Step.3　準備組裝 Pixetto 視覺感測器模組。

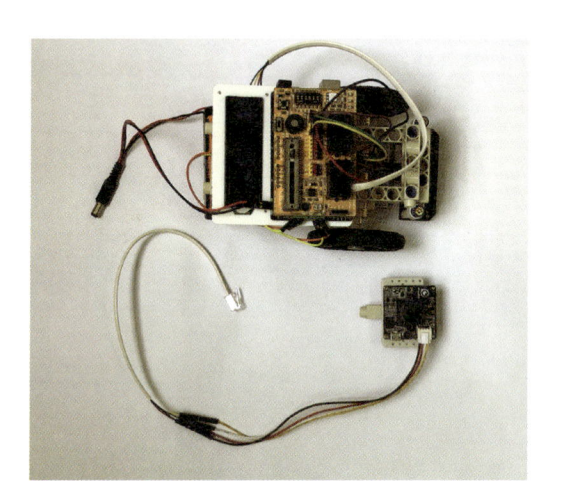

Step.4　將 Pixetto 視覺感測器模組，組裝在凸部，可以調整鏡頭偵測角度。

Step.5 利用束帶整理導線，完成。

※ 由於 Pixetto 視覺感測器依照模式可以偵測交通號誌，正確度很高，如果鏡頭平視，距離很遠就能偵測到了。因此，將鏡頭往下壓，等到道路交叉位置，再讓 Pixetto 視覺感測器偵測到交通號誌，交通號誌可以水平放置或垂直放置，依實際需求位置，調整鏡頭角度即可。

3. 程式：9-D 交通號誌辨識與控制 .mblock

程式	說明
當 Arduino Uno 啟動時 變數 Speed 設為 160 1602顯示器 初始設定位址 0x27 1602顯示器 清除所有文字 初始化視覺感測器 RX# 3 TX# 4 等待直到 慧手V3感測擴充板 讀取按鈕狀態	**Arduino 設備端** 初始設定 1. 變數 "Speed" 設為 160 2. 1602 LCD 位址，清除所有文字 3. 初始化 Pixetto 視覺感測器通訊腳位為 D3/D4 4. 等待直到感測板上的 D2 按鈕被按下，開始執行

程式	說明
	不停重複迴圈中 1. 如果識別到物體，如果功能為 " 交通號誌辨識 " 2. 如果功能為 " 交通號誌辨識 " 為 " 左轉 "，LCD 顯示器顯示字串 "Turn Left"，並執行副程式 "T_LEFT" 3. 如果功能為 " 交通號誌辨識 " 為 " 右轉 "，LCD 顯示器顯示字串 "Turn Right"，並執行副程式 "T_RIGHT" 4. 如果功能為 " 交通號誌辨識 " 為 " 單行道 "，LCD 顯示器顯示字串 "Go Straight"，並執行副程式 "STRAIGHT" 5. 如果功能為 " 交通號誌辨識 " 為 " 迴轉 "，LCD 顯示器顯示字串 "U Turn"，並執行副程式 "U_TURN" 6. 如果功能為 " 交通號誌辨識 " 為 " 禁止進入 "，LCD 顯示器顯示字串 "No Entry"，並執行副程式 "STOP" 7. 等待 0.1 秒

程式	說明
(程式積木圖：主程式，包含如果 讀取數位引腳8=0 且 讀取數位引腳13=0，則 慧手U1 直流馬達 M1 速度 Speed、M2 速度 Speed，等待0.3秒；否則 如果 讀取數位引腳8=0，則 M1速度0、M2速度Speed；否則 如果 讀取數位引腳13=0，則 M2速度0、M1速度Speed；否則 M1速度Speed、M2速度Speed)	當沒有偵測到交通號誌時 1. 如果左紅外線感測器測到白線（D8=0）且右紅外線感測器測到白線（D13=0），自走車直行 0.3 秒 2. 如果左紅外線感測器測到白線（D8=0），自走車左轉 3. 如果右紅外線感測器測到白線（D13=0），自走車右轉 4. 否則自走車直行
(程式積木圖：定義 T_LEFT，慧手U1 直流馬達 M1 速度0，M2 速度Speed，等待1秒)	副程式 T_LEFT 左馬達停止，右馬達以 Speed 速度向前，自走車左轉彎，等待 1 秒
(程式積木圖：定義 T_RIGHT，慧手U1 直流馬達 M2 速度0，M1 速度Speed，等待1秒)	副程式 T_RIGHT 左馬達以 Speed 速度向前，右馬達停止，自走車右轉彎，等待 1 秒
(程式積木圖：定義 STRAIGHT，慧手U1 直流馬達 M1 速度Speed，M2 速度Speed，等待1秒)	副程式 STRAIGHT 左馬達與右馬達以 Speed 速度向前，自走車直行，等待 1 秒

程式	說明
(U_TURN 積木程式)	副程式 U_TURN 左馬達以 -Speed 速度與向後，右馬達以 Speed 速度向前，自走車原地迴轉，等待 1 秒
(STOP 積木程式)	副程式 STOP 自走車直行 2 秒後，左馬達與右馬達停止，等待直到 D2 按鈕被按下（只要不按，程式一直等待）

4. 執行成果：

 (1) 上傳程式，確認 IPOE G1 控制板上的 Pixetto 視覺感測器，3 個 LED 都亮起，紅色 LED 快速閃爍，開始偵測。

 (2) 準備場地，筆者借用 IRA 中級智慧機器人場地，外圍尺寸為 150cm（長）×90cm（寬），循跡區域約 90×60cm，具有田字型交叉路徑，也可以使用帆布貼白色電器膠布，自行布置場地（見 P.180）。

 (3) 請將自走車放置於場地中，紅色區塊為出發與停止的位置。

 (4) 按下 D2 按鈕，自走車開始循跡行走，當 Pixetto 視覺感測器偵測到交通號誌，自走車的螢幕顯示號誌種類，並依場地號誌設定進行左轉、右轉、直行、迴轉與停止，沒有交通號誌的路徑，則依循跡方式前進。

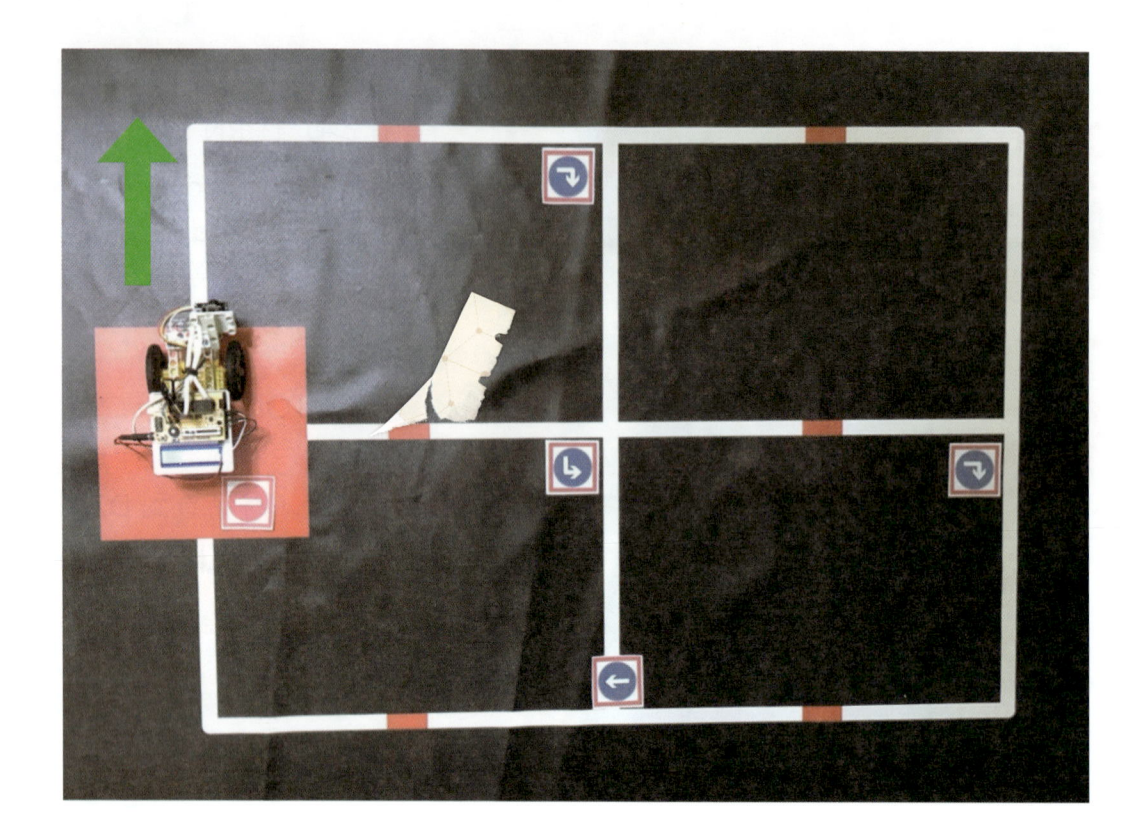

1. 各個偵測後的轉彎等運行時間，應依照實際測試作微調。
2. 場地號誌可以現場調整，改變路徑。

MLC 創客實作練習

題目名稱：AI 顏色分類機

題目說明：

製作一台 AI 顏色分類機，使不同顏色的三色物體，可以分類到不同的收集盒中。

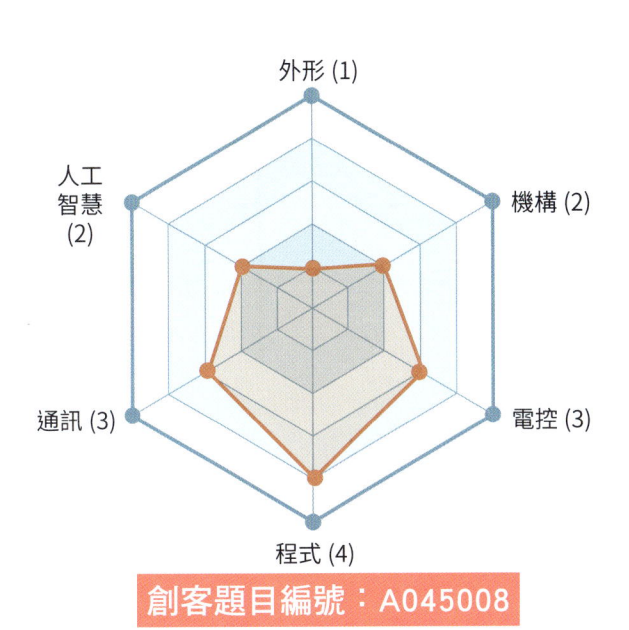

創客題目編號：A045008

創客學習力

實作時間：60min

創客指標	指數
外形（專業）	1
機構	2
電控	3
程式	4
通訊	3
人工智慧	2
創客總數	15

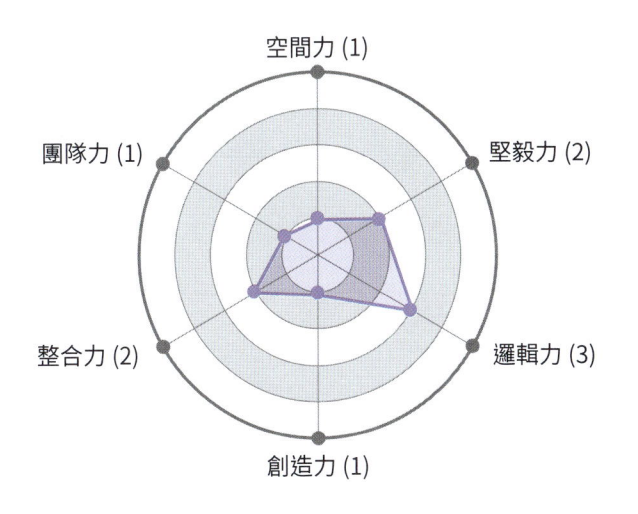

創客素養力

空間力	堅毅力	邏輯力	創造力	整合力	團隊力	素養總數
1	2	3	1	2	1	10

實力評量解答

CH1　IPOE G1 硬體介紹

1.(A)　　2.(B)　　3.(C)　　4.(C)　　5.(D)

CH2　軟體─圖控程式 mBlock

1.(C)　　2.(A)　　3.(C)　　4.(C)　　5.(B)

CH3　Arduino 控制學習─即時模式

1.(B)　　2.(D)　　3.(A)　　4.(A)　　5.(C)

CH4　Arduino 控制學習─上傳模式

1.(C)　　2.(D)　　3.(B)　　4.(A)　　5.(B)

MEMO

MEMO

Arduino 積木機器人（IPOE G1 積木機器人教具箱）

IPOE G1 組裝外型

IPOE G1 積木機器人教具箱
產品編號：0130101
建議售價：$4,990

選配

威盛 Pixetto 視覺感測模組
產品編號：0121103
建議售價：$3,650

雙槽鋰電池充電器 - 折疊式插頭（3.7V；18650、14500 鋰電池共用）
產品編號：0199018
建議售價：$390

18650 可充式鋰電池凸頭 2600mAh（單顆）
產品編號：0199026
建議售價：$300

推薦教材

輕課程 Arduino G1 積木機器人實作與 AI 應用 - 使用 mBlock 圖形程式 - 附 MOSME 行動學習一點通：診斷・評量・加值
書號：PN061
作者：賴鴻州
建議售價：$450

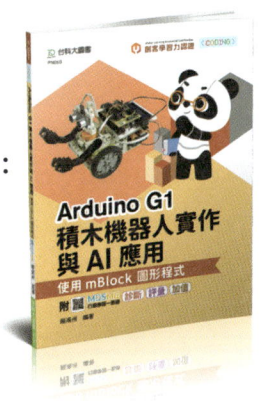

本書特色

- 整合三大積木：結構機構採用 Gigo 智高積木；電控感測採用 motoduino U1 控制板及互動感測板 V3；程式採用 Scratch（mBlock5）及專用程式擴充積木，組裝、學習與應用更容易。
- IPOE G1 積木機器人具有組合與彈性擴充特性。教材依學習年齡層與進度，逐步輕鬆入門，漸次加深與加廣。
- Arduino 控制器與互動感測板、LCD 液晶顯示幕，構成 Arduino 實驗平台，專注學習基礎程式設計與控制。
- AI 人工智慧導入威盛 Pixetto AI 高畫質視覺感測器，提供視覺感測器功能，透過適用初學者的 Scratch（mBlock5）平台進行程式設計，機器人應用入門捷徑提升初學者的 AI 視覺、機器人專題作品。

產品規格

動力元件	TT 馬達 ×2 MG90S 伺服馬達 ×1 電路板：Motoduino U1 控制板（含傳輸線）×1、S4A 互動板 V3 ×1、LCD 模組 ×1、藍牙模組 ×1、超音波模組 ×1、循跡感測模組 ×1、DHT11 溫溼度模組 ×1、18650×2 電池盒（U1 外供電源）×1、RJ11- 杜邦母 4P 導線 15cm×2、雙 RJ11 導線 15cm×1
結構元件	共 10 類 15cm 大長方框、13cm 超長框、5cm 方框、15cm 超長條、5 孔超長條 ×3、5 孔長條、3 孔長條 - 無側孔、3 孔超長條 ×2、3 孔長條 - 側孔 ×2、7 孔圓長條
連結構元件	共 3 類 90 度連接器 - 左 ×4、90 度連接器 - 後 ×2、短結合鍵 ×20
傳動元件	共 11 類 馬達短軸、35mm 傳動軸、賽車輪 ×2、萬向滾輪、145 度齒輪曲軸 -A、145 度齒輪曲軸 -B、6 孔爪形長條 ×2、20mm 圓管 ×4、二凸一孔結合器、馬達轉接殼 ×4、馬達轉接軸 ×2
配件	扳手
收納箱	塑膠製
電池	不含電池；需要另外選購 2 顆 18650/2600mAh 鋰電池。

※ 價格・規格僅供參考　依實際報價為準

勁園科教 www.jyic.net
諮詢專線：02-2908-5945 或洽轄區業務
歡迎辦理師資研習課程

書　　　名	Arduino G1積木機器人實作與AI應用 ─ 使用mBlock 圖形程式	
書　　　號	PN061	
版　　　次	2023年01月初版	
編　著　者	賴鴻州	
責　任　編　輯	玖鼎文教 蔡幸亨	
校 對 次 數	8次	
版 面 構 成	顏彣倩	
封 面 設 計	顏彣倩	

國家圖書館出版品預行編目資料

Arduino G1積木機器人實作與AI應用─使用mBlock 圖形程式 / 賴鴻州編著
-- 初版. -- 新北市：台科大圖書, 2023.1
面；　公分
ISBN 978-986-523-559-8（平裝）

1.CST：機器人　2.CST：微電腦　3.CST：電腦程式設計

448.992　　　　　　　　111018204

出　版　者	台科大圖書股份有限公司
門 市 地 址	24257新北市新莊區中正路649-8號8樓
電　　　話	02-2908-0313
傳　　　真	02-2908-0112
網　　　址	tkdbooks.com
電 子 郵 件	service@jyic.net
版 權 宣 告	**有著作權　侵害必究**

本書受著作權法保護。未經本公司事前書面授權，不得以任何方式（包括儲存於資料庫或任何存取系統內）作全部或局部之翻印、仿製或轉載。

書內圖片、資料的來源已盡查明之責，若有疏漏致著作權遭侵犯，我們在此致歉，並請有關人士致函本公司，我們將作出適當的修訂和安排。

郵 購 帳 號	19133960
戶　　　名	台科大圖書股份有限公司
	※郵撥訂購未滿1500元者，請付郵資，本島地區100元 / 外島地區200元
客 服 專 線	0800-000-599
網 路 購 書	PChome商店街　JY國際學院　　博客來網路書店　台科大圖書專區

各服務中心				
	總　　公　　司	02-2908-5945	台中服務中心	04-2263-5882
	台北服務中心	02-2908-5945	高雄服務中心	07-555-7947

線上讀者回函
歡迎給予鼓勵及建議
tkdbooks.com/PN061